打开“心门”
赢未来

——与青年官兵惬意畅话别样人生

葛克友 著

第二军医大学出版社
Second Military Medical University Press

内 容 提 要

本书用寻常草根的笔触，带着泥土芬芳的话语，平视人格，解读信念、眼界、和时、乐观、读书、执著、感恩、踏石八个关键词，由小事入手，直击心灵，释然疑窦，荡涤灵魂，打开“心门”。文字平实，被誉为“心灵鸡汤”，励志解惑。相信会带给您不一样的触动，不一样的收获，不一样的清新，不一样的感受，不一样的精彩，不一样的风景。

图书在版编目(CIP)数据

打开“心门”赢未来：与青年官兵惬意畅话别样人生/葛克友著. —上海：第二军医大学出版社，2013.6
ISBN 978-7-5481-0605-0

Ⅰ.①打…　Ⅱ.①葛…　Ⅲ.①人生哲学—通俗读物　Ⅳ.①B821-49

中国版本图书馆 CIP 数据核字(2013)第 094080 号

封面题字　连俊义
内文题字　姚建荣
绘　　画　江云山　王林洪
出 版 人　陆小新
责任编辑　崔雪娟

打开“心门”赢未来
DAKAI XINMEN YING WEILAI
——与青年官兵惬意畅话别样人生
葛克友　著
第二军医大学出版社出版发行
http://www.smmup.cn
上海市翔殷路 800 号　邮政编码：200433
发行科电话/传真：021-65493093
全国各地新华书店经销
江阴天源印刷厂印刷
开本：850×1168　1/32　印张：6.625　字数：165 千字
2013 年 6 月第 1 版　2013 年 6 月第 1 次印刷
ISBN 978-7-5481-0605-0/B·008
定价：31.00 元

序

克友的新著《打开“心门”赢未来》即将付梓，甚为高兴。

克友原是南京军区航务军代处机关做后勤工作的军士长，酷爱新闻报道和文学写作。他的业余爱好和勤勉刻苦很快得到了领导的赏识。1992年初，组织上破例安排他到《解放军报》学习充电。在军报学习期间他全身心投入，用热爱和勤奋编织他怀揣的新闻梦和文学梦，见报率颇高。最多时，军报4个版面上竟有他的3篇稿件。高层次的学习，使他开阔了眼界，增强了新闻素质和文学修养。

克友的出色表现引起了我的关注。我任南京军区新闻处长时，向军区党委争取到将优秀士兵报道骨干破格提升为军官的政策，克友自然成了这个政策的受惠者。由士兵成为共和国一名军官后，他愈发上进。21世纪初，他被选调到南京军区联勤部政治部机关，负责联勤部队的新闻报道工作。这些年来，他先后发表新闻作品5 000多篇、散文随笔100多万字。2005年，他出版了第一部作品集《一位“战地记者”的心路文集》。奋斗与梦想成就了克友的精彩人生。

克友有着特殊的奋斗经历、思考沉淀和人生感悟，因而他与青年官兵谈理想、谈信念、谈读书、谈创新、谈感恩、谈未来、谈踏石、谈坚守，就容易引起共鸣。书中《学会仰望辽远的太空》探讨的是用责任和担当诠释怎样实现中国梦；《常给灵魂掸掸灰尘》讲的是如何做到忠诚、纯洁、坚守；《生命畅想》告诉你如何使自己做到内心灿烂；《跑步生活》诠释阅读使生活更精彩的道理。还有诸如《小店人生》、《人生学会做加法》、《班长教我普通话》、《女儿教我学单词》、《我教战友写家书》等等，都是从寻常平淡中闪烁灵感，从细枝末节中悟出道理，给人启迪，值得一读。

克友的这部新著，是他即将告别30载军旅生涯时献给年轻战友们的智慧积淀，也是他军旅人生的思想荟萃，相信读者一定会明白他的良苦用心。

阔达阳光，气象万千。祝克友继续用真诚和勤奋赢得更加璀璨的未来！

2013年5月于上海

（作序者朱争平为中共上海市委常委、上海警备区原政委、中国国际文化交流中心上海总部部长，少将军衔。）

目　录

信念篇

眼界篇

和时篇

乐观篇

读书篇

感恩篇

执著篇

踏石篇

挥别军旅——代后记

信念篇

几抹红韵印天际，莽莽大山现雄姿。

心底常有信念驻，此时无声胜有声。

——子言

理想是支美丽的歌，是首灵动的诗，是久有余香的玫瑰。理想是心中的航标，是手中的方向盘，是人生孜孜以求的目标。理想是一个人的魂魄，是思想的闸门，是行动的总开关。理想之于人就好比鱼儿离不开水，瓜儿离不开秧，小草离不开阳光雨露。

战士任何时候都不能缺失理想，马放南山。任何时候都不能失去信念和信仰，刀枪入库。这是钢铁战士能打仗、打胜仗的前提，是全面提升的基石，是战胜一切艰难险阻的力量源泉。

理想是战士灿烂的笑脸，是快乐和幸福永远不竭的养料，是战士手中的钢枪。战士生来为打赢，和平是对军人最高奖赏。拥有理想才能永不迷途，拥有理想才能所向披靡。就让理想这娇艳的花朵在我们心头尽情绽放吧！希望无限，理想无敌。

学会仰望辽远的太空

抬头仰望浩瀚太空，精彩恰似繁星点点。

“神九”已经回家，心情仍是激动。神舟九号与天宫一号成功对接，北斗导航系统日臻完善，我国航天器发射已跻身世界前列。这一切都让华夏儿女欢呼雀跃、豪情满怀。

仰望太空，目光穿越历史的星河。从古代的祖冲之、张衡、沈括，到近现代的钱学森、谈家桢、袁隆平，中国人的名字一次次镌刻在星球上，成为中华民族的骄傲和自豪。从当年的“东方红一号”发射，到“长征”系列、“神舟”系列火箭升空，中国已拥有数百颗卫星，成为太空中的一支重要力量。我军从建国之初仅有几架缴获的飞机，到如今拥有种类齐全的新型机种、朝气蓬勃的航天员大队，空中力量实现了质与量的飞跃。

中国航天大国梦圆，中华儿女自豪振奋。拥有太空就拥有世界，拥有太空就拥有未来。作为一名共和国军人，我们该如何面对？如何履职？如何华丽转身？如何上演精彩？别无他途，必须学会仰望辽远的太空。“仰望太空”正成为当下华夏儿女的流行语，站得越高看得越远。太空辽远浩渺神秘，经常抬头“仰望太空”，才能“锻铸”“独有”的责任、忧患、理念和创新，追赶世界发展变革的浪潮，承载起罕有的“担当”。

从1903年12月17日莱特兄弟发明飞机完成了世界首次飞行，到传统空间，再到今天的空天网时代，国土和国防已经从蓝到深蓝再到空天。何以保家卫国、捍卫主权安全、领土完整和民族尊严？必须紧盯着未来安全的最大威胁——太空，是为最佳选择。学会“仰望太空”，才能为维护国家利益提供有力的战略支撑。

“仰望”是个艰难复杂的重大课题。使命重若泰山，责任胜过生命。像航天员景海涛、刘洋、刘旺那样，承载使命。勇担当敢担当会担当，抬高事业标准的横杆。心装千丘壑，肩扛万钧责，精心打造国家核心能力，悉心历练应对多种安全威胁的“万般神功”。“仰望”能激发大丈夫之气概豪情，壮雄浑胆魄。经常学会“仰望”才能攻坚克难，啃下一块又一块硬骨头，攻占一座又一座山头，拿下一座又一座城堡。战争让弱者走开。唯有“强悍”、实力、高手、智者、勇者，才能赢得未来战争的“准入证”、资格证。

生于忧患，死于安乐。忧患永远让人保持冷静、清醒和理智。人有忧患，成万事。忘战必危，忘忧必败。可千日不战，不可一时不备。位卑未敢忘忧国，天下兴亡，匹夫有责。周易说，“云从龙，风从虎。天行健，君子以自强不息。”柳宗元在《敌戒》中说，“敌存灭祸，敌去召过。有能知此，道大名播。”对手从来都是最好的老师，向对手学，益莫大焉。我们要向世界上的强国学、优国学。战场如此，商场亦然。大诗人柳宗元早已有这个警醒——有敌人和对手是件好事。输得明白也是水平。适度的忧患，能生发出当有的责任。

要在战争这个坐标系中“仰望”。和平是对军人最高褒奖，和平是要用国力、本领、能量等综合实力赢得。当下，我们拿什么赢得，就看你是否具备核心能力。你准备好了么？站好自己的战位，跑好手中“这一棒”。倾尽心智，挥洒汗水，练就过人膂力。据有关资料显示，网络战攻防能力，美国当之无愧全球第一，从传统空间到太空，再到网络空间，美国无一不占绝对优势。全球发达军事强国，没有哪个国家不重视太空和网络的，且早已把它上升到战略高度。因此要用狂奔的速度追赶，风雨兼程，向前向前再向前，振兴中华，复兴民族，不达目的不罢休。

年华似水，弹指一挥间。惜时如金，方能“仰望”。要倍加珍惜，分秒必争，发挥最大效能，按照目标时限，一步步、一个个兑现，把工作做好做精做到极致。抖落一身风尘，时刻保持冲锋的姿势，准备起航，准备冲锋，准备“占领”。“仰望”谙差距，“仰望”目标高。如是，危机感、紧迫感、恐慌感才会油然而生。知耻而后勇，潜能也才能尽情激发释放，塑造内外皆强形象，触摸到“世界军事塔尖”，担当起神圣使命，最终占领世界军事高地。目前，我军的制天、制空、制海、制陆、制信息权综合军事能力初显，“上天揽月，下五洋捉鳖”已不再是我们的梦想。学会经常仰望太空，才能环顾世界，锁定目标，超越梦想。仰望才能不被时代抛弃，仰望才有权制定世界游戏规则，仰望才可永远无敌！

仰望红日，我们懂得了珍惜光阴；仰望山川，我们懂得了思源奋进；仰望太空，我们懂得了战士的价值和责任。让我们常常抬头仰望，不断埋头赶路，在使命的催征下，飞得更高，飞得更远，飞得更强！

柳叶飞絮：

北京武警战友王忠发来短信：看罢此文，品到的是一种精神和担当，分明看到了葛老师满脸果敢的坚毅和向上的力量。

仰望理想的光芒

每个人都有自己的梦想和理想。战士当自强，战士更应有自己的理想。何谓理想？人为何要拥有理想？理想的分量到底有多重？理想到底有多美？怎样才能实现理想靠近梦想？作为一名现代军人、一个共产党员就是要经常仰望理想的光芒，用心灵去亲近理想，靠近理想，接近理想，最终实现共产主义。

“理想”一词，《辞海》解释为对未来事物的想象或希望，理想有大小、高远之分。共产党人的理想是远大崇高的，其终极目标是实现共产主义。作为一名现代军人，做一个揣着理想生活的人，就是要忠于党、忠于祖国、忠于人民，纯洁可靠，履行使命，献身国防，无私奉献，坚韧不拔，勇往直前，从容面对一切困难和挫折。对党有感恩的情怀、宽广的胸怀。有道是，心有高心，海燕自然飞过海。步不止步，行已远行还远行。志当存高远，吾辈需努力。揣着理想，梦也能闪光。

仰望理想之光，就是要对党始终拥有不变的心怀。党永远是我们前进征途中的指路明灯，她不知疲倦地照耀我们前行，矫正我们的航向，拨亮我们的“心灯”，对党必须矢志不渝。理想是星，引领我们前进的方向；理想是帆，主宰我们灵魂的光芒；理想是船，载着我们驶向憧憬的彼岸。诗人流沙河说得好：“理想是石，敲出星星之火；理想是火，点燃熄灭的灯火；理想是灯，点亮夜行的路；理想是路，引你走到黎明。”刘胡兰、江姐为了维护真理、维护党的利益，用生命捍卫党的形象、党的利益。“黄沙百战穿金甲，不破楼兰终不还。”边塞诗人王昌龄用自己的方式，诠释军人的壮志豪情。陈毅于岭南写下“取义成仁今日事，人间遍地自由花。”追逐理想、放飞梦想的真情，跃然字里行间。仁人志士之所以如此，源于对党的挚爱，对理想的仰望。爱是不变的星辰，实现共产主义是人类最美丽的事业。对党始终有一颗不变的心怀，就是要痴心跟党走，任何时候都不偏离航标，朝着既定目标奋然前行。崇高坚定的理想信念，永远是奋斗的强大动力。

仰望理想之光，就是要对党始终抱有感恩的情怀。把有限的生命投入到无限的为人民服务中去的雷锋，在日记中这样写道:“伟大的党啊……在您的不断培养教育下,我从一个穷孩子,成长为一个有一定知识和觉悟的共产党员……我要永远听党的话,一辈子跟党走,在您的身下尽忠效力……”雷锋的话朴实无华,但却深怀知党恩报党情。优秀基层“党代表”李晓钰曾经发出这样的感叹:“这样纯洁的组织,让我没有理由不努力工作,来报答部队对我的培养,不辜负党组织对我的厚望!”我们常把党比作伟大的母亲,作为孩子,就是要怀揣感恩之心,知恩感恩,不忘党的养育之恩,知恩图报。任何时候都要有一颗感恩的心,拥有这样的心态和境地,执行纪律就不会“滑边”走样。感党恩报党恩是不竭的精神源泉,有了感恩的情怀才有动力源,干事业才有激情,才会有使不完的劲,潜能才能最大限度地挖掘、发挥。感党恩、报党恩,事业心、责任感才会更强,履行使命任务的行动才会更加自觉,才能深怀忧患,居安思危,主动替党分忧,不给党抹黑,把党赋予的责任履行好。

仰望理想之光,就是要对党始终有宽广的胸怀。毛泽东在青年时就写下了:“自信人生两百年,会当水击三千里”的雄浑诗章,抒发了一代伟人的崇高理想,更透出了他宽广阔达的胸怀。周恩来有过“面壁十年图破壁,难酬蹈海亦英雄”的远大抱负,对真理孜孜以求,永不放弃,战胜了常人难以想象的困难,为新中国的成立做出了不可磨灭的贡献。比海洋宽广的是天空,比天空更宽阔的是人的心灵。仰望理想之光,就是对党无比崇敬和信仰,纯粹透明,锤铸操守,砥砺战士特有的品质,心有阳光,心装蓝天,勤于修养,无私无畏。点燃理想之光,燎燃生命之光。要守住小节,把住底线。要坚守战士的精神高地,维护好党的形象。如果胸怀不开阔,心胸狭窄,就可能钻牛角尖,瞻前顾后,患得患失,甚至私欲膨胀。心底无私,就能挡住形形色色的诱惑,不为蝇头小利而心动。不以恶小而为之,不以善小而不为。拥有宽广的胸怀,就会大气大度,就会有战士独有的正气、锐气、硬气、阳气、志气和朝气。

柳叶飞絮：

上海第85医院刘健发来短信：仰望理想的天空，觉得脚踩泥土，心里踏实了许多。有了理想，做事就有动力，做人就有骨气，做文就有灵气，生活中才会有许多阳光之气，强烈共鸣。

常给灵魂掸掸灰

灰不扫不清，尘不除不净。每个官兵要想做共产主义远大理想和中国特色社会主义共同理想的坚定信仰者和忠实实践者，当常拷问心灵，给灵魂掸掸灰、洗洗澡、杀杀毒，就像360杀毒软件，杀一个病毒可以秒杀甚至是毫秒即杀，威力无穷。因之，在塑造共产主义灵魂和坚定信仰中，要常给灵魂掸掸灰，给心灵洗个澡。

欲如此，必须强化给灵魂掸灰的意识，把“掸”的意识深入骨髓，根植于心田。坚定理想信念，坚定共产主义信仰，不是嘴上说说就能做到的，须有极高的政治要求，“坚信”一词有着丰富的历史和时代内涵。要想实现并直驱这个目标，须有非常之策、非常之举，须给灵魂“掸”灰。而这种“掸”是需要勇气、胆魄，乃至过人的智慧，需要一种高境界和对灵魂清洗的认同，强化培塑掸灰的意识。这种勇气和境界，来自潜心投入的学习“充电”，汲取养料，连接地气，来自理论和思想上的通透明白和高度清醒，来自永不停息的修养，必须学马列、学经典、学哲学、学时政、学文史、学法规等，勤于学，又精于学。以“吾日三省吾身”、晨起照镜子的作派，强化掸灰的意识，让这种意识入脑入心，深深地扎下根。有了这种“掸”的意识，才有坚定信仰可言，因为信仰是有力量的。一个人，一旦有了这种力量，他将是无法战胜的。

欲如此，必须培养给灵魂掸灰的习惯，就像清晨洗脸一样，成为每天必做之事。坚定理想信念，是每个人终身必修的重大课题，绕不开、躲不过，必将伴随人的一生。故而，非动动嘴皮子、轻飘飘地说说，如毛毛雨般雨过地湿就能做到的。必须把给灵魂掸灰当成一种习惯，做到“常”、“长”二字，常清常扫，长期坚持，把清扫变得习以为常，不厌其烦。一个人的灵魂深处一旦有了尘埃，就会模糊双眼。灵魂一旦长了毛，就会不辨是非曲直，就谈不上信念坚定，更无信仰可言。在世界观改造、道德培塑、作风养成，乃至生活中的细枝末节都要养成给灵魂掸灰的习惯，滴水见太阳，小可见大，把住小方可铸就大事。常给灵魂掸灰，方能静心而有定力。掸灰，必须常照镜子、常看差距、常找不足，寻短板、弱项，自觉清扫细胞中每一粒尘埃、心灵中每一丝瑕疵。习惯从哪里来？就是要扪心自问，睡前想一想，今天到底干了些什么？哪些是应该干的？哪些是不应该干的？哪些是以自我为圆心的？晨起，想想今天该做些啥？应该怎样度过这一天？给灵魂清洗打上习惯的烙印，就会给力坚定，聚拢无尽的正能量。甘祖昌、郑培民、杨善洲这些社会主义新时代的人民公仆，无疑给我们竖起标杆、做出好样子。

欲如此，关键要看掸灰的力度，水滴石穿，抓铁有痕。说千道万，关键看行动。亦即，在人前莫包裹隐藏自己，敢于亮思想、亮见地，敢于碰撞交锋，豁达阳光，率性真实，磊落坦荡；在利益面前，不为所动，不徇私情；在工作上不存杂念，全心投入。独处时，可以慎独、慎行，不心存侥幸。纯粹些，表里如一些。人前人后，台上台下、大事小事、顺流逆流、伤时喜时、亲疏远近，用党性端平这碗水，凭良心做好这些事。正所谓，“人在做天在看”。坚定理想信念，要触及灵魂，每个官兵都要掀起一场躬身自省、净化灵魂的头脑风暴。来一场“纵向到底、横向到边，全方位、立体式”风卷残云般的灵魂清洗革命，心底无私，天高地阔。给灵魂掸灰，体现在方方面面，体现在一言一行、一举一动，必须按照“打仗”的要求，做好当下，惜时如金，毫不懈怠，做好手中事，站好自己这一岗，放好自己这一哨。

给灵魂掸灰是个长期艰辛复杂的系统工程，坚定理想信念是个永恒的课题，需要超“高”的姿态、超常的举措、超乎寻常的境地和强烈的党性来保证，非一朝一夕、一蹴而就所能为。如是，才能言担当、敢担当、能担当，真正肩负起肩头沉甸甸的责任，为美丽的中国梦贡献心智！

锤炼作风当从“心”开始

思想作风建设向来是我党我军制胜的法宝，也是关乎我党我军生死存亡的重大工程，必须集中心智、倾心竭力抓好。凡事起于“心”，成万事者须从“心”开始。锤炼思想作风源于“心”，根在“心”，始于“心”，用“心”锤炼。

养心健体，理论给力锤炼思想作风。锤炼思想作风，最直接最管用最需要的是滋心、润心、养心，以期正常发育和健康成长，就是要用党的创新理论给力养心，补充精神营养。政治上的坚定源自理论上的明白和清醒，理论上的明白和清醒必须由潜心学习而得。学好党的创新理论是我们义不容辞的重大政治责任，必须有板有眼刻苦学、深入学、全面学、系统学、反复学、持续学。只有把学习作为养心之源，才能获取锤炼的资本。只有学好了，用心咀嚼体悟了，才能汲取其精髓和精神养料，提升理论素养和思维能力，也才谈得上武装头脑，达到理论给力的效果。只有理论给力了，才能真正养心，为思想的高尚和道德的纯洁提供原动力，达到巩固纯洁之目的。党的创新理论如阳光雨露，能给人补充生长的养料。在创新理论光芒的照耀下，思想作风的苗才能“光合作用”，有了政治营养的充分滋润，思想作风的锤炼和锻铸才成为可能。用党的创新理论滋养心灵，心灵始终阳光灿烂。

强心壮体,自觉给力锤炼思想作风。锤炼思想作风要把心历练得坚强、砥砺得硬朗,强化紧迫感和忧患意识,自觉主动给力,常态给力,以期身体的强壮。首要的是要把岗位当战位,确立工作高标准,在本职岗位锻炼,始终保持冲锋的姿势,以普通战斗员的身份,投入工作,高标准、高质量地完成好任务,履好职,尽好责。其次是利用重大任务契机,在大型任务中摔打磨砺,借鉴提升,蓄力聚能,圆满完成任务。再次是在急难险重任务中经历风雨,积累经验,探索路径,增长心智,累积精神财富,为从容应对复杂事务、复杂局面、未知任务、全新任务提供全方位支撑。在攻坚克难中强胆识,练气魄,长韬略,用创新驱动破解"瓶颈",用勇气和智慧赢得一次又一次胜利。只有把锤炼思想作风作为一种自觉行动,主动强心壮体,才能常给力、常得力。

洗心净体,定力给力锤炼思想作风。被孔子称为明君的商朝始祖——商汤,一直以"苟日新,日日新,又日新"自勉。他在洗澡时,尤其注重"外洗身,内洗心",洗后感到特别通透、身心舒畅,始终保持身心俱净。锤炼思想作风,同样需要给心灵全方位洗个澡、晒个太阳,保持一颗寻常心,心有定力,控制欲望,理性用权,常态给力。保持心灵和身体的清洁干净,才能确保思想的纯度,确保锤炼思想的"高度"和"质量"。洗心胜过洗身,洗心方能净体。常把心灵和思想放在阳光下暴晒,袒露心迹,袒露心灵,敢于去污除杂,断然掸掉灰尘,方能守本葆色。锤炼思想作风需要淡定坦然,淡泊明志,豁达低调,坚守原则,不随大流,自我把持,守住方寸,止于雷池。要想有一颗干净的心灵,还要常修品德,常思纪律,常想法纪,常掂天平,常思危害,思想才能不长毛、不抛锚,办事才不会打折,行为才不会失范。只有常掸心灵的"灰尘",常清思想的"垃圾",常掏灵魂的"旮旯",才能心手合一、表里如一、始终如一、一尘不染、纯粹透明、身心俱健,也才有"虽千万人,吾往矣"的豪气,也才能无私无畏、天下无敌。

柳叶飞絮：

此文被《解放军报》思想论坛评为优秀理论文章，入选《解放军报》思想论坛选粹，并被"求是理论网"选用。

请把你的名字书写在"战场"

看奥运、读奥运、悟奥运，激情四溢，心潮迭宕。尤其是目睹我军运动员勇夺金牌，创造一个又一个辉煌，更是难抑兴奋。他们在玄妙的竞技场演绎着奥林匹克精神。靠的是执著坚守，靠的是信念。

陈燮霞摘得首金，完美展示自信的"中国力量"；肖钦为中国体操团体夺冠贡献了高分；廖辉一举定乾坤；杨秀丽柔道场上负伤后依旧绽放美丽……

北京奥运会上，我军运动员夺得金牌数远超雅典奥运会，他们以实际行动和实力为祖国争光，为奥运添彩，为军旗争辉。

军人为和平而生，军人的名字叫坚强。杨秀丽与古巴选手卡斯蒂略的对决中，尽管被撞肿了眼睛，却斗志不减，最终赢得了胜利。在双方势均力敌的情况下，拼的就是意志。"奥运会是我的战场，军人上了战场，死都不怕！"杨秀丽用自己的言行做出最好的诠释。

两强相遇，勇者胜。年仅 20 岁的廖辉在举重 69 公斤比赛中，开把重量是 153 公斤，两次试举方获成功。面对强手，廖辉靠一股"气"将 158 公斤的杠铃高高举起。没想到，法国选手达巴亚竟然举起了 187 公斤！廖辉不惧强手，誓与对手决一死战，在冲击 190 公斤重量时尽全身之力终获成功。颁奖仪式上，廖辉将潇洒的军礼献给了祖国。他的勇气来自哪里？来自对祖国的挚爱，来自军人的追求：不放弃，不怕困难，英勇顽强。

赛场斗勇也斗智。杨秀丽赢在勇气，更赢在智慧。她在意识到与对手常规战没有明显优势时，唯有一次次进攻赢得主动。虽然不能得分，但进攻始终没有停息，最终夺得了冠军。军人需要大勇，同时也需要大智。智慧靠平素的学习、砥砺和累积，靠毅力和恒久的坚守。

摘金夺冠岂止在赛场。同样是军人的我们，应该思考这样一个问题：如何在训练场上锤炼自己的军人特质，在未来战场上展示自己的军人特质。请把你的名字书写在训练场，书写在应对多种安全威胁、多样化军事任务中，书写在未来"战场"！

而今，体育超越了国界，也打开了人们的心灵。郎平执教美国女排，法国教练鲍埃尔帮助中国击剑选手仲满打败法国选手。

让我们以更高的境界去体味奥运中军人的"大智大勇"与运动员的"更高更快更强"瞬间合一。

柳叶飞絮：

此文收录于《科学发展纵横谈》。

给党员好形象"画像"

学风就是作风，作风就是战斗力，作风关乎党的形象，作风建设不可小觑。联系当前形势和个人对作风形象的理解，给党员的好形象画张像。笔者认为：好形象应当是"灵魂干净"、"五官端正"、"身体健康"。

"灵魂干净"，必须信念弥坚。作为一名党员必须对党一颗红心，赤胆忠诚，心无旁骛。一位哲人说过："没有人仅仅因为时光的流逝而变得衰老，只是随着理想的毁灭，人类才出现老人。岁月可以在皮肤上留下皱纹，却无法为灵魂刻上一丝痕迹。"信念是什么？信念是不灭的灯火，信念是指路的明灯，信念是大海中的航标，信念是动力之源。信念坚定，做事才不会有偏差和闪失，欲望之口才不会轻易被打开。人性的弱点随时能点燃欲望的兴奋点，只有信念坚定，才不会有蝼蚁之穴溃千里之堤之虞。国务院原副总理吴仪在公开谢绝担任中国贸促会名誉会长邀请时，这样表态：“我在明年两会后完全退休，在我给中央的报告中明确表态，无论是官方的、半官方的，还是群众团体，都不再担任任何职务，希望你们把我忘记。”“把我忘记”这是何等境界，这种忘记恰恰是难以忘记，虽然她已退休几年，人们却经常把她想起。“源澄而流清，源浊而流浊”，灵魂干净，才有拥有好形象的可能，吴仪无疑给我们做出了榜样。我们必须经常荡涤心灵，把思想放到阳光下晒一晒，让灵魂干干净净，让思想之树常绿常青。

“五官端正”，必须常修品德。中华民族有着五千年文明史，正是因为有道德大厦的支撑，我们的民族才兴旺发达。党员必须把“人”字写好，写得完美，把住道德防线、守住道德底线。要求普通群众做到的，自己首先要做到。内心要有一种清亮的快乐，不被富足的生活蛊惑，又能在贫贱中保全做人的尊严和内心的敞亮，这是道德的最高境界，也是道德的精髓。德为官之魂：行德则兴，倍德则崩。为官先守德。做个道德的人，是作风形象题中应有之义。有了好人品，做人才有底气，做事才硬气，做官才有正气。品行端、道德高，是一种心境，是一种胸怀。只有具备了健康的人品和优良的官品，才能真正成为高尚的人、纯粹的人、脱离低级趣味的人、受人拥戴的人、有益于人民的人、让人难以忘记的人。周恩来总理一生坚守共产主义信念，品格高尚。在穿的方面，他看起来十分“讲究”，因为他一生未停止谈判和外交活动，深知自己代表共产党人的形象，中国人的形象，所以他很注重自己的仪表，总是衣冠整洁，风采照人，很少留下“补丁形象”，而内衣被褥则是破了又补，补了又破，往往是补丁连着补丁。伟人虽去，但光彩依然。他似乎什么也没留下，但是他给我们留下了凝聚着传统理想人格精华和共产党人气节品格的“周恩来人格”。他逝世时，联合国破例为他“下半旗致哀”。周总理为我们塑造了一尊永远不倒的道德丰碑、品格丰碑。“五官端正”，还要做个守规矩的人，既要守小规矩，更要守大规矩。坚决维护好党的形象，坚守好党的原则。纯正生活圈、交往圈、消费圈，要知道“奢靡之始，危亡之渐”，要达到“从心所欲不逾矩”的境界，明白交友“以势交者，势倾则绝；以利交者，利穷则散；以色交者，色衰则尽”。心中常悬“规矩”这杆鞭，常鞭策自己，常约束提醒自己。用规章制度的镜子，常照自己。

“身体健康”，必须身体力行。党员是党肌体内的细胞，为了党的肌体更健康，每个党员必须进行思想锻炼、作风锻炼、身体锻炼，增强身体免疫力，做到不被“有害细菌”侵袭，做党肌体内的坚强细胞。时刻谨记，手中的权力是党和人民赋予的，肩头有着沉甸甸的责任，须装着党和国家的事业，须揣着强烈的使命意识和奉献意识。急难险阻抢在先、冲在前。任何时候都不欠党的账。树立正确的政绩观，躬身实践，做出符合科学发展观要求的真正业绩。出显性政绩，更要出隐性政绩；出短期政绩，更要出长期政绩。不拍脑门子草率决策，不搞争彩头的面子工程、形象工程。求真务实，多干利于提升战斗力的实事，少干没有效益、劳民伤财的事。党员干部须谨言慎行，因为一言一行代表着党的形象，丝毫不能马虎。做事体现了一种责任，做成事体现了一种能力。认真干事可以把事情做对，用心干事可以把事情做好。孔子说过：“始吾于人也，听其言而信其行；今吾于人也，听其言而观其行。”做到“知行统一，真知笃行”，恪守“修身、养德、崇文、尚武”，塑造好党员的崇高形象，履行好时代赋予我们的神圣使命，用实际行动向党交出一份合格的人生答卷。

柳叶飞絮：

此文被《解放军报》思想论坛评为优秀理论文章，入选《解放军报》思想论坛选粹，并被"求是理论网"选用。

找准干事业的兴奋点

"讲党性、重品行、做表率"，也就是信念如铁。奉献荣光，责任如山。说白了，就是要找准干事业的兴奋点，点燃事业的激情。找准了，方能有给个支点撬起整个地球的豪气，真正担起打赢的重任。

强化事业的责任。我在军区驰援江西抢修电网抗雪救灾一线，亲眼目睹我们的战友们为了国家和人民的利益，是那样义无反顾，一往无前，不怕艰险；那样顽强骁勇，舍生忘死。危难时刻，他们是那般战斗，攻难克弱。他们的事迹可歌可泣，他们的精神撼天动地。这就是一种责任！我们的工作需要这种责任，我们的事业需要这种责任，各行各业都需要这种责任，我们就是要强化这种特殊的责任，提升这种境界，党员更当如此。

呼唤事业的忧患意识。人无忧患，事事难成。军事斗争准备，须枕戈待旦，不能按部就班，走走歇歇，更不能高枕无忧。忧患意识何来？来自肩头沉甸甸的责任，来自对党的赤胆忠诚，来自对祖国和人民的热爱，来自坚定的共产主义理想信念。有了忧患意识，才能知耻后勇，焕发斗志，知后而进。有了忧患意识，才能时时处处高标准、严要求，心中才能有把无形的纪律之尺约束自己。有了忧患意识，才能创一流，争第一，才能立于不败之地。

培养事业的兴趣。热爱是最好的老师，热爱来自兴趣。有了兴趣，才能成就寻常事，成就大事，党的事业亦然。事业的兴趣怎么培养？我认为，就是要把事业举过头顶，视事业为生命，事业为上、事业为先，亲近事业，培养对事业的感情，从心底热爱事业，这样才能有兴趣。有了这种兴趣，才有兴奋点，才能唤醒沉睡的心灵，激发潜能，激发创造力，点燃干事业的激情。责任在肩，责任了然于心，心与气合，气与力合，力与意合，精神状态方能昂扬，事业才能红红火火。战士责任重，男儿当自强。我们始终处于兴奋、亢奋状态，保持旺盛的革命斗志，才能成就事业。耄耋之年的中国工程院院士黎介寿，为了中华医学科学事业，为了无数个患者，老而弥坚，激情四射，青春勃发，创新者永远年轻。感动中国之人物、"导弹之父"钱学森、世界"杂交水稻之父"袁隆平，堪为点燃事业激情的典范，有了这些个楷模的引领，何愁事业没有希望。我们必须从当下做起，激活恒久的动力源，有板有眼，干好正在干的事。

柳叶飞絮：

被《解放军报》军媒视窗摘用。

聚集在先进的旗帜下

党的先进性和党的执政地位都不是一劳永逸、一成不变的，过去先进不等于现在先进，现在先进不等于永远先进；过去拥有不等于现在拥有，现在拥有不等于永远拥有。《决定》就先进性问题进行有力的诠释，可见先进性是何等重要。学习《决定》、理解《决定》、感悟《决定》，欣喜之，拥护之。怎样才能永葆先进？必须在思想上引领，在行动上带头，在原则上把握，在道德上坚守。《决定》了然于心，责任担在肩上，信心爬上心头。

在思想上引领，就是要扑下身子，沉下心来，用心学习。学习然后知不足，学习方能提升层次，没有任何捷径可走。要用头悬梁锥刺股的精神学，身到更要心至，入耳入脑更要入心。党员要带头学、先学一步，要善于学、灵活学，学习马克思主义理论、中国特色社会主义理论体系，牢固树立辨证唯物主义和历史唯物主义的世界观和方法论，切实当好真学真懂真信真用的表率。要有知识恐慌意识、思想恐慌意识。据有关资料显示：知识正以核裂变的速度增加，预计到 2020 年，人类知识的半衰期只有 73 天。不抓紧学、前瞻学，不刻苦学、用心学，必将落后于时代，甚至被时代无情抛弃。学习必须有计划、成系统，讲究科学的方式方法，脚踏实地，有板有眼。必须与时俱进，全方位、多视角地学。唯有如是，方能学出真效果来。

在行动上带头，就是要与人民群众保持血肉联系，不官僚、不矫情。既要有运筹帷幄高端顶层设计的"机关"作派，又要有"脚踩泥土，深入田间"的"泥土"作风，到基层一线身体力行，接地气，躬身实践，大事如此，小细节亦然。平时看得出来，急难险重站得出来，关键时刻豁得出来。冲在先、干在前，骨子里流淌着先进性血液，快半拍，自觉地为，主动地为。不计较，不言苦。在行动上带头，还要带出真表率，带出好作风，带出好状态，带出高境界，带出好规矩，带出创造力，带出凝聚力，带出战斗力，带出高风亮节，带出共产党人的真风采来。

在原则上把握，就是在原则面前不动摇，不打擦边球，心存侥幸，不搞"就这一回，下不为例"，更不做"刁之中人，甚矣哉！"不高明的蠢事傻事。原则是铁，原则是规矩，任何时候都不能破。原则是权威，原则是威信，一旦失守，权威和威信必訇然倒地，先进性就无从谈起，就失去了起码的发言权和资格。原则好比通了电的"高压线"，不能随便触之。原则又是一道安全的"紧箍咒"和"斑马线"，不越斑马线，就不会失守底线。

在道德上坚守，就是要常修为人之德、为官之德、为政之德。美德胜真金。君子不患位之不尊，而患德之不崇。真党员必须恪守中华民族传统美德，品端格高。纯洁情感，透明交往。身正腰直，心安然。带头坚守道德防线，不游戏人生，不儿戏权力职责，不破传统价值尺度、道德尺度。

柳叶飞絮：

老领导陈德亮：静养安，善养运，佛养心，道养行，学养德，正养胆，动养身，进养神。

昂扬状态好人生

党的十八大报告指出，“解放思想，改革开放，凝聚力量，攻坚克难”，在旗帜、道路、目标明确之后，关键是要有好的精神状态。这16个字具有很强的针对性。汲取党的十八大的精神实质，才能接受正能量，昂扬好状态，我们的路子才能越走越宽广，我们的事业才能蒸蒸日上。昂扬精神状态是一种人生态度。每个人都有一种生活态度或豁达阳光、或郁闷纠结、或激情昂扬，或始终有那么一股劲儿，似乎永远使不完。态度决定状态，状态决定效果，有什么样的状态就有什么样的结果。

毛泽东说过：“人是要有一点精神的”。习武之人讲究的是精气神，干任何事都要有精气神。试想，一个人如果没有了精气神，其生命还有什么意义？如果没有了精气神，何谈党的事业、军队的事业？近段时间来，通过对党的十八大精神的学习、理解和感悟，我对昂扬精神状态有更深层的理解。

昂扬状态方向明。昂扬精神状态，必须保持理论上的清晰，只有理论上的清晰、思想上的敏锐，才有可能方向明、心敞亮。党的十八大报告明确回答了要高举中国特色社会主义伟大旗帜，旗帜指引方向，方向至关重要。昂扬精神状态需要正能量，需要理论给力。理论武装，知识浇灌，思想才能富有，昂扬才成为可能，也才能真正与时俱进。没有理论的武装，昂扬精神状态是万万不可能的。精神的振奋，来自思想的富有。昂扬状态，离不开理论武装。理论武装好比阳光、雨露之于庄稼。

作为一名现代军人责任重大、使命光荣，没有昂扬的精神状态，干好工作就无从谈起。倘若心中就没有忧患和担当，国家利益也无从谈起。正是因为有了昂扬的精神状态，在运筹谋划工作中才能思路清、方向明，也才有了今天来之不易的建设成果。

昂扬状态动力足。精神状态是干好一切工作的动力源，没有好的精神状态绝无动力可言。就好比一台机器失去了马达，就无法正常工作一样。动力来自哪里？来自责任担当，来自强烈的事业心，来自精神，来自根本态度。对一件事情持积极态度，就会自然而然地把积极因素调动起来。如果消极、被动、无所谓，消极的因素同样会不知不觉地聚到你的身边。

昂扬精神状态是一种正能量，有了这种正能量，就会力大无比。保持昂扬精神状态是人生的必修课，使人的一生有了不竭的动力。昂扬精神状态是一种青春勃发的姿态，没有激情如同未老先衰。有句话说得好，只要精神不滑坡，办法总比困难多。只要精神不倒，才可以随时亮剑。亦即，昂扬状态能打赢。军事斗争准备可以说是无止境，干起来是没有底的。对待他至少有两种态度：可以一般性的应付，敷衍了事；也可以凭着强烈的事业心、责任感把他做好做到极致。干好他，没有昂扬的状态是断不可能的。须心无旁骛，凭着昂扬的精神状态，凭着罕有的执著和坚守，始终充满激情，有板有眼地做好，这就是最大地讲政治。很多工作都是这样，必须开拓创新，凝聚力量，攻坚克难。昂扬精神状态具有超乎寻常的精气神。

昂扬状态效率高。可以做个简单的比较：两个经历相同能力相近的人，在同一时间内做同样一件事，一个精神昂扬，一个状态一般甚至精神委靡颓废。谁的效率高？显然是前者。精神状态昂扬，激情满满，干工作、做事情就风风火火、干净利落，效率肯定倍高。整天没精打采，心不在焉，哪里会有什么工作效率,如是愧对这身军装,愧对共产党员这个称号。

量子物理学告诉我们:不可能拥有一个独立于我们意识之外的宇宙。哲学告诉我们:意识反作用于物质。饱满的激情能激发出一个人的活力、智慧和潜能,激活巨大的内在动力。意识是有力量的,昂扬精神状态,其"力"断金。有了这些,效率便不言而喻。

有的人工作中差错不断,不是不会做,关键是认不认真,有没有责任心,其实就是一种精神状态。没有了精神状态谈何效率。要强化激发这种状态,昂扬精神状态应当成为一种自觉习惯,成为一生的追求。

昂扬状态事业兴。习总书记指出:"空谈误国,实干兴邦"。激情满满、脚踏实地地工作,我们的事业就会兴旺发达。昂扬状态,是干事业的底气。昂扬状态就是一种激情。用激情的状态干事业,是对党和军队最大的忠诚。邱吉尔曾说:"生活的同时,你也在创造自己的宇宙"。如果总是患得患失、瞻前顾后,以个人为圆心、以私利为半径,永远不可能有昂扬的状态和激情。昂扬的状态就是工作要坚持高标准,对党高度负责。以昂扬的状态投入工作,则事业兴焉。

对事业的热情,体现为蓬勃向上的朝气、攻坚克难的霸气、昂扬奋进的锐气。有什么样的精神状态,就有什么样的工作状态。这种气势就是一种激情的状态,保持这种激情的状态,才能拥抱梦想,实现中国梦。这种状态十分可贵,坚持、恒久、理性的激情,是一种高远的大境界。以昂扬的状态激情工作,工作必报以快乐和充盈。

昂扬状态必须有信仰。没有信仰,人就没有精神和灵魂。昂扬状态,必须坚定信仰和信念。昂扬是种境界,昂扬是种坚守,昂扬是种激情,昂扬是种标准。昂扬成大事,昂扬能辉煌,昂扬养身心,昂扬快乐多,昂扬的人生最美丽。

用昂扬的状态干好本职工作是对党最大的忠诚。奋斗改变命运，梦想让你与众不同！让我们以昂扬的精神状态，忠实履职，踏实做人，用心工作，用实际行动学习贯彻十八大、践行十八大，建设美丽中国，实现中国梦！

柳叶飞絮：

厦门战友李金才：昂扬状态成万事，昂扬状态快乐多，昂扬状态最富有。领略了！

眼界篇

理念向来要更新，黑白照样勾风景。

不经意中接地气，开阔眼界揽寰宇。

——子言

理念，亦称观念。《辞海》释为看法、思想、思维活动的结果，通常指思想。柏拉图、康德、黑格尔的哲学中理念被译为观念。有什么样的理念就有什么样的思想，有什么样的思想就有什么样的行动。理念如苗，春生夏长。理念如花，娇艳迷人。

理念是有力量的，理念好比人的心灵，强大无比。理念需孕育培塑，需蓄积聚能。先进的理念，是正能量。先进的理念，其力过人。拥有和时而行的理念，可以超人，可以超越。战士当自强，自强必更新理念，理念意识伴一生。

理念如风，栽下理念之苗，动若兔脱，动若风发。理念新，身心俱快。理念前瞻，才能领跑。做好理念这篇大文章，是每个战士一生必修课。理念新则眼界阔，眼界阔则见事早。眼界开阔，就会插上高飞的双翼，越飞越高远！

“铸造”全方位现代军事思维链

战争靠军事思想，军事思想来自管用精到、特立独行的军事思维，有什么样的军事思维才有什么样的军事思想，现代战争离不开现代军事思维，欲在现代战争中决战决胜，必须“铸造”全方位的现代军事思维链，这又须顺势思维、逆向思维、超前思维、变相思维，拥有理念意识，最终才能在战争中赢得主动。

顺势思维，即依势而行、顺势而为。它为常势思维、常态思维。顺势思维是最简单、最初级的思维方式，用它能了解知晓对手、研究对手，达到知己知彼的目的，为常理、常识、常法、常规。此种思维方式，战场多见，商场亦不鲜见，此思维方式一般不会耗费太多心智，不会大起大落、风生水起。有时效果明显，有时又难以奏效。表面看似稳当，但有时难展鸿鹄之志，难有大建树和大作为。有时为小打小闹，成不了大气候。我绝无否定顺势思维之意，需顺势思维用得恰到好处，亦是思维之最高境界。中国历史上著名的鸿门宴，西楚霸王项羽之所以不杀刘邦，原来是刘邦遂了项羽之意，挑对了自己的座位。中国古代，宴会坐席十分讲究。据《史记》记载：项羽、项伯东向坐，范增南向坐，刘邦北向坐，张良西向侍。项羽并不把刘邦当成一位平等的宾客，而是把他当成自己的部属。因为项羽当时已是诸侯上将，各路诸侯都归他管，项羽拥兵40万，刘邦仅10万。项羽决心与刘邦一决雌雄，刘邦哪敢与项羽硬拼，故亲自赴鸿门谢罪。他深谋远虑，忍一时之强，选择坐北面，正是表示臣服项羽之意。项羽同意自己"东向坐"而刘邦"北向坐"，说明项羽正式接受了刘邦的臣服。刘邦就是用了顺势思维，顺了项羽之意。故而，当主客入座时，项羽便不再有杀刘邦之心。刘邦正是因为这次的顺势思维，才免遭杀身之祸，从而奠定西汉基业。

当然顺势思维用的不慎、用的不适时也有败招。俄格冲突便是典型一例，格鲁吉亚想用武力收复南奥塞梯，眼见硬来不成，总统萨卡什维利走了步险棋，想借北京奥运会时机动手，主观臆想俄罗斯会顾及国际惯例，受到强于平时的"停战"压力。他果真趁北京奥运会开幕那天开战，派兵突然占领茨欣瓦利，萨卡什维利的如意算盘打错了。俄军压根就没按他的思维定势来，在南奥塞梯的俄军迅速向格军反击，格军一败涂地，紧接着俄军不费一颗子弹就攻下了格军事要地哥里市。萨卡什维利依照国际惯例的梦想破灭了，因为美国和北约根本没有出面支持他，国际社会也没有多少国家声援他，甚至在国际社会还没有做出反应时，战争已经结束，格鲁吉亚只有做出让步，宣布接受俄方提出的6项停火原则。

逆向思维常出其右，常出其不意，攻其不备，乃妙招、绝招，令人难以揣摩。战争中，此种思维方式之招数常是招招管用、招招制敌，胜券多多。1990年8月2日，伊拉克入侵科威特，萨达姆一下子取代伊朗成了美国头号敌人。联合国安理会第678号决议：1991年1月15日前，伊拉克必须撤出科威特，否则将授权国际部队动武。萨达姆置安理会最后通牒于不顾。1月17

日，以美国为首的多国部队开始为期 38 天，代号为“沙漠风暴”的空袭。萨达姆非但不收敛，反而向以色列发射导弹，目的是激起以色列反击，试图将战争演变为穆斯林与犹太人和基督徒的战争，彻底瓦解多国部队。军事强国以色列没有顺着伊拉克的思路走，反其道而行之，出乎意料地没作任何还击。伊拉克宗教战的美梦破灭。2 月 24 日，美、英、法和 8 个阿拉伯国家组成的联合国部队转入代号为“沙漠军刀”的地面进攻，仅一天，8 万伊拉克官兵就放下武器。两天后，科威特解放。

反向思维在现代企业竞争也是屡试不爽。奥田硕曾经历任丰田汽车公司总裁、董事长，最终担任了日本经团联会长，被誉为“财界首相”。在泡沫经济全盛时期，奥田硕曾做出一项令人不可思议的决定。当时丰田手中积攒了 2 万亿日元的剩余资金，但他坚决不赞成投入到管理基金中。事实证明，泡沫经济过后，奥田硕的判断是正确的。丰田的口号之一是“生产之前首先是员工的培养”。“职工的饭碗得不到保障，就不可能搞活企业”，正是基于这样的“逆向思维”，处在经济危机中的日本企业才能绝处逢生，化危机为机遇。

超前思维即想在先，思在前，行动才能超前。超前思维为军事思维中多见多用，因为超常、超越，故而掌握了战争主动权。在伊拉克战争中，美国尽管是武装到牙齿的最强现代军事强国，优势占尽，但在战争准备阶段却毫不含糊，各种设想、各种准备都早早地开始。美英联军 3 月 20 日（伊拉克时间）向伊拉克发动代号为“斩首行动”和“震慑行动”的大规模空袭和地面进攻，早在 1 月 14 日驻科美军就开始模拟伊拉克巴格达城进行巷战演练。正是因为美军未雨绸缪，又超前思维，从最坏处着眼，攻打伊拉克时如摧枯拉朽之势，在攻占巴格达和提克里特时，本来就实力悬殊的伊拉克军队根本就没有有效抵抗。美军的超前思维、超前准备，使战争不到一个月就结束了，40 多天萨达姆政权就訇然倒下。

自古及今变为通理，变是自然法则，变为思维之极致，因而变相思维是军事思维的最高境界。变是大法则，变是永恒的。变是掌握永远的牵制权，变有时又是故意露拙，历代战争使诈者、金蝉脱壳者不计其数。清末名将胡林翼、曾国藩领导的湘军打法是步步为营，战略是"扎硬寨、打死仗"。伟人毛泽东对胡、曾推崇备至，学习借鉴继承之，但又不生搬硬套。活学活用之，又变着法子把游击战打得令对手捉摸不透，毛泽东的"敌进我退，敌驻我扰，敌退我进，敌疲我打"十六字作战方针被美国西点军校奉为军事经典。

在我军的3次精简整编中，用的就是变相思维。人民解放军从1975年前的611万，减到1985年后的300万。裁军不是简单的人数递减，更重要的是为了优化结构，提高质量。1997年9月，在百万大裁军后，又裁军50万。2003年9月，中央军委再次宣布裁减军队员额20万。人民军队总员额降至230万。这看似简单的数字变化，蕴含着伟大的建军哲学思想，因为这正适应了世界新军事变革和信息化建军需要，具有划时代的军事意义。我军的训练方式也从"三打三防"到合同战役战术训练，再到以打赢高技术条件下局部战争为目标的训练，再到以打赢信息化战争为目标的训练，再到当下的构建"陆、海、空、天、电(磁)"多维一体训练方式，提升联合立体投送能力，以适应现代战争需要。

当然，战场风云变幻，思维方式多种多样，还有发散思维、多维思维、系统思维、跳跃思维等，总之什么样的思维方式适应战争需要就用什么样的思维方式，怎么有利于战争就用什么样的思维方式。打造现代军事思维链，还必须知史晓今，放眼全球军事强国，知己知彼，与时俱进，放眼未来，不能鼠目寸光，必须求异求变。如是方能适应现代战争需要，打赢一场信息化条件下的未来战争。因而，铸造全方位现代军事思维链应当成为每位青年官兵一生的追求。

柳叶飞絮：

泉州报道骨干巴涛：思维方式决定着战争胜败，有限的篇幅中，把“思维”诠释得淋漓尽致，过瘾。

用“观念”这把尺子量一量

某单位在学习实践活动中，以解放思想为先导，摁住“观念”这个关节点，着力转变不适应、不符合科学发展观要求的思想观念，取得了明显成效。我亲历了该活动，感触颇深。何不用“观念”这把尺子量一量学习实践科学发展观的含金量呢！用“观念”这把尺子量一量，也就是莫说“旧话”、“老话”，防止穿新鞋走老路，合着当下的节拍前行，在继承传统的基础上大胆创新、求突破。

用“观念”这把尺子量一量，不说“旧话”、“老话”，谨防雨过地湿。在学习实践活动中，通过动员辅导、集中授课、观看录像、自学思考、参观见学、座谈研讨、集思广益等，官兵深受教育，切切实实“理论武装”了一番，思想和灵魂受到了触动，大家的“精神状态”可谓新风扑面。学习实践活动成效如何？最直接的就是不能再说“旧话”、“老话”，雨过地湿，不能这边学习，那边还讲着陈旧的老话、套话，人在课堂思想还停在从前、留在原地。身子进入了新时代，思想还停在过去。

用“观念”这把尺子量一量，防止穿新鞋走老路。理论从来都是行动的风向标，观念永远是行动的前奏。不是观念转变了，行动就一定自觉自愿。学习实践活动尤其要防止观念转变了，仍旧是观念归观念，学习实践两张皮，行动依然故我，天马行空，我行我素。思考问题、干工作贴上“观念”的标签，却仍行走在“老路”上，这其实是没有真正彻底地解放思想。如是“转变”，行动上就不可能自觉自愿，更不可能与实践结合好、用好。

用"观念"这把尺子量一量，合着当下的节拍前行。科学发展观是党的重大理论创新成果，是时代呼唤的"红色经典"财富，有着强烈的时代特色。因此在学习实践活动中，我们要做到边学习，边提升，边转变观念，与时代同行，这样才能不落后于时代，不被当下和时代抛弃，才能将科学发展观真正运用到实践中，统筹好各项工作。

用"观念"这把尺子量一量，就是要在继承传统的基础上创新。学习实践活动就是解放思想、更新观念，就是继承传统，又不拘泥于传统，巩固已有，又不沉浸在现状里，而是在继承传统的基础上，求突破、求创新、求作为，只有这样，才能切实结出"科学发展，又好又快"的甜蜜果实。

柳叶飞絮：

被《解放军报》军媒视窗摘用。

快半拍者赢

战场无亚军，快半拍者胜。打扑克出牌慢一点、炒股犹豫一下，都可能导致满盘皆输。体育比赛稍加迟疑，战场上出枪稍慢丝毫，都会导致失败。孙子曰："上兵伐谋。"讲的就是谋略和谋动的重要，亦即快半拍者得主动，快半拍者赢。寻常事这样，赛场如此，商场亦然，战争更如是，古今中外概莫能外。

快半拍者新。快，是新的基石和底线。新理念、新思路，就是超前思维。何来新？我国"两弹一星"元勋——王希季这样诠释："我国的奔月工程，虽然位居于美国、欧盟、俄罗斯之后，但我们采用了很多鲜为人知的新技术。因为，我们有比别人快半拍的思路和理念，所以很快缩小了与世界先进的差距。我国即将启动的登月工程，怎样快？就是研究别人的失败之路、挫折之路，剖析别人走弯路的原因教训。战争中更要研究胜败得失，一场战争结束，要认真梳理，把失败的原因研究分析透，汲取教训，把别人的成功经验拿来为我所用。”快半拍者得主动，快半拍者方能“引领”。

有本畅销书叫《新美帝国主义》，书中陈述石油并非美国人侵伊拉克和在中东亚地区采取当前政策的主要诱因。美国的石油和天然气主要进口不是来自海湾地区，而是委内瑞拉和加拿大。中国年经济增长率达到9%，中国作为经济大国的崛起，增长的石油基本上靠海湾、里海地区和非洲进口来满足。伊拉克战争不仅仅是为了石油，而是对石油供应的政治控制，美国想以美元为货币单位，通过稳定的价格进行交易，进一步从战略和军事上包围中国和俄罗斯。美国不只是想快半拍，他要快几拍，做领跑者，大步流星地做全球的“大哥大”。足见，小步快跑者赢，小步小跑者输。

快半拍者机遇多。金融是新世纪“殖民战争”的“核武器”，谁能掌控它，谁就能笑到最后，获得最终胜利。比尔·盖茨蝉联世界首富时，媒体炒作身家500亿美元。然而，他与“大道无形”的世界首富——罗斯柴尔德家族比，要逊色太多，最保守估计50万亿美元。他之所以赚到如此惊人的财富，关键就是永远早于市场的信息获取，使得他在世界两百多年金融、政治和战争的漩涡中不倒，建立了一个迄今为止人类历史上最为庞大的金融帝国。快半拍者机遇多，有机遇还要主动抓、善抓之，把握好节奏。快，方有提前量。快，才能未雨绸缪，捷足先登，获得大成。

快半拍者行得远。风云电子商务界的马云，创造了阿里巴巴的神话。马云原本只是个普通的英语老师，进入电子商务界8年后，成了世界顶级网络公司的掌门人，成为纵横网络江湖的大侠，他的阿里巴巴成了世界最大的B2B商业网站。2007年11月6日，阿里巴巴在香港震撼上市，融资约15亿美元。马云大刀阔斧地发展中国的电子商务基础建设，建设中国的电子生态环境，他的上市使互联网出现了第三次浪潮。因为比别人快半拍，马云成功了。他有句名言：“上市是个加油站，加油是为了能够走得更远。”只有快半拍才能行得远，踏得实，走出一路辉煌来。

快半拍者最终胜。战争史上，冷兵器长达2000多年，热兵器延续了400多年，机械化只用了100年，而信息化从明确提出至今不过10多年，在信息化战争中，速度是制胜的法宝，人云亦云、亦步亦趋，或作蜗牛状必输无疑。603年前，郑和拥有当时世界上最为先进的军事技术装备，有着领先欧洲好几个世纪的海上“巨无霸”，西方最具规模的船只能装50吨货物，而郑和船队每艘可携带2 000吨货物。因为他的快半拍，每次战争都所向披靡。

慢者当挨打，慢者必输。中国近代几乎受到了世界上所有帝国主义国家的侵略，在列强的欺凌下，国破山河损，几乎陷入亡国边缘。因为落后，因为步入后尘，中国近代史成了挨打史。苏联之所以赢得二战胜利，重要的原因就是拥有最先进的作战理论。苏联军事理论专家早就提出了大纵深作战理论。战争期间，苏军成功解决了组织并实施正面、大纵深的战略进攻等一系列军事问题，保证了卫国战争胜利。中国共产党与国民党的8年内战，尽管力量悬殊，却总是牵着敌人的牛鼻子走，总是快半拍，快者终赢。

事实胜于雄辩，快半拍者成就卓然。仅2007年一年，我国嫦娥一号发射成功，获得清晰月面图像；首台有自主知识产权的特深井石油钻井机研究成功；石油人在渤海湾滩地区发现储量高达10亿吨的大油田；首架有自主知识产权的支线飞机完成总装下线；对外贸易跃居世界第二，等。军队也是精彩纷呈：各种高技术兵器相继与世人见面；多样战术动作运用协调得当；复杂电磁环境下的演练成为主旋律；演习基本告别过去的导调做法；歼十飞机研制成功并公开亮相，等。这些足以证明，快半拍者永远赢。当今时代，要想赢得主动权，抢占先机，必须坚持科学发展观，善于超前思维、创新思维，审时度势，加快自主创新的脚步，增强前瞻性和预见性，超前研究，超前思维。始终牢牢把握主动权，这样才能稳操胜券。

柳叶飞絮：

美眉：和时而行实不易，快半拍者上苍垂青。

谨防“冷启动”闪击

印度为了赶上发达军事强家，遏制周边国家发展，应对所谓威胁，不仅打经济牌、外交战，还在我国藏南地区穷兵黩武，提出了一种所谓的新理论——“冷启动”作战理论。“冷启动”源于计算机术语，即不需预热便直接启动。用在军事上即为一旦战争爆发，军队无需“预热”便可在短时间内完成动员、集结和战斗部署，迅即投入战斗。

美军在陆、海、空、天、电（磁）都想获得独步天下的“行动自由”，其网络战攻防能力堪为全球第一。从传统空间到太空空间，再到网络空间，无一不占据着绝对优势；俄罗斯不仅建强网络部队，也将战略重心转移至太空，建立空天部队；以色列因为国土小，发明了“鸵鸟理论”，即在实战中以奇袭或空战的手段先消灭敌空军，夺取制空权，继而以装甲部队在敌阵中奔突，再用空军掩护支援消灭敌人。以军有个“至理名言”——最好的防御是在敌国首都的上空；三流军事国家巴基斯坦也拥有核武器；朝鲜也动辄发射洲际导弹，搞所谓的“核”威慑。

“冷启动”作战理论要求军队必须维持常规军事优势。战争经验告诉我们，什么时候有作战能力或者你的能力远远超过对手时，战争才会远离你。国家强盛，兵之强盛，和平才会向你招手，弱国根本无外交，弱国有时连谈判的资格都没有。以色列在长期的军事进程中探索了"长臂秘籍"，即先发制人，永远进攻的战略。确保国家安全，其核心是：军事威慑，先敌打击。军事威慑靠什么？显然是实力！以色列国土小得几乎没有战争纵深，无法进行防御作战，只能维持进攻之势，始终具有进攻的实力。任何军队如果没有常规优势，绝对难有作为。军队既要"韬光养晦"，又要广纳天下贤才，搜罗军事天才，同时又要在武器装备上下大气力。正所谓"工欲善其事，必先利其器"，再好的部队没有一流的武器装备是不可能抢占战争先机的。"冷启动"作战理论还告诉人们，交战双方不会给对手更多准备时间，特别是在现代条件下，可能伴随着战争的开始，战争就已经结束了。如常所言，发现即摧毁，这就是速度和效率！要具备快速反应能力，离不开平时扎实有效的准备。战争突出反映在对人力、物力、财力的需求上，赢得战争就必须及时满足部队各种作战需求。因此有力的后勤和装备保障是夺取战争胜利的先决条件，战争既是经济的竞争、力量的竞争，又是人才谋略的较量和对决，培养不同层次高素质军事人才队伍，练就未来作战需要的智能、技能和谋略水平，都是实现快速反应所必不可少的重要条件。军队必须训练有素，官兵必须具有优秀的品质，超一流的综合素质：反应敏捷，超前思维，决策果断，不畏强敌，智勇双全，文武兼得。

"冷启动"作战理论要求军队必须具有灵活的"战法"和超前的战略战术。从美国空袭叙利亚、出兵巴拿马到海湾战争，再到索马里军事行动、伊拉克战争，到美国出兵阿富汗；从英国收复马尔维纳斯群岛到北约侵占南联盟、俄罗斯对决格鲁吉亚。诸多战争实例证明，战争中除了实力之外，"战法"的运用也是至关重要的，战争从无定式，"战法"灵活多变。《孙子兵法》云："兵之情主速，乘人之不及。由不虞之道，攻其所不戒也。"即，兵贵神速，乘敌措手不及时，走敌意料不到的路，攻击敌人没有戒备的地方。孙子还强调兵以诈立、以利动、以分合为变，即行动快速时像狂风骤至，行动舒缓时像森林严整，攻击敌人时像烈火迅猛，进攻防御时像山岳屹立，组织隐蔽时像阴遮星辰，冲锋陷阵时像雷霆万钧。现代商场也如此，海尔集团首席执行董事张瑞敏所言："市场永远不变的法则是永远在变。"既要熟悉对手，知己知彼，又要根据敌方和敌国情况制定不同"战法"，在变中求变，以变应变，以不变应万变。变是常理，变是通则。事实反复告诫人们，没有哪次战争用的是完全相同的"战法"，就像这个世界上没有两片相同的树叶一样。这一点，美国等发达军事强国已经作出了强有力地解读。以色列空军在武器装备上胜人一筹，且追求破常格的战法、战术。1982 年 6 月 6 日，以色列借口其驻英大使遇刺，在美国的纵容和支持下，发动入侵黎巴嫩战争，突袭贝卡谷地。战争期间，以军为夺取制空权，同叙利亚空军在贝卡谷地展开了一场历次中东战争以来规模最大的空战。以色列取得这场空战的全面胜利，有力地配合和促进了其地面战场的进攻。这场空战具有划时代的意义，标志着空战进入高技术时代。战法的出神入化使以军赢得了胜利。以军多机种协同作战，其空军拥有各种作战飞机 670 余架，其中包括 40 架 F-15、75 架 F-16、150 架 F-4、30 架"鹰"式歼击机、180 架"幼狮"式歼击轰炸机、200 架 A-4"天鹰"式强击机。为充分发挥各机种的作战效能，同时完成空战歼敌和摧毁叙利亚部署在贝卡谷地的地空导弹阵地两项任务，以空军在战前广泛深入且科学地进行了战法研究。作战中，以空军采用"多兵器综合威力杀伤法"摧毁叙利亚的地空导弹阵地，并以歼击机的"屏护空战"大量诱歼叙利亚飞机于空中。孙子曰："凡用兵之法，驰车千驷，革车千乘，带甲十万。"可见，兵法战法之重要。

"冷启动"作战理论要求军队必须具有世界顶级战斗精神。日本自卫队为了打造战斗精神，制定了精确规范行为的伦理规程，该规程是沿袭早期武士道注重行为规范的传统，可谓严、细、全，在武德养成上从不搞坐而论道，动真格。此外，还创造了举国监督的监察制度，一旦自卫队员违反了纪律，全国上下共讨之。再有就是知耻而进的尚武精神，此为大和民族之传统，耻感文化激励和鞭策着自卫队，工作上不作为、作风上漂浮、生活上不检点、纪律散漫等皆为耻辱，有辱损武士名节，这些近乎苛刻的限制和规定，极大地激发了自卫队员顽强拼搏的斗志。我军向来重视战斗精神培育，有着培育战斗精神的光荣传统，也历练锤铸出一系列切实管用的战斗精神——"流血流汗不流泪，掉皮掉肉不掉队"、"平时多流汗，战时少流血"、"一不怕苦，二不怕死"、"困难面前没我们，我们面前没困难"、义无反顾、赴汤蹈火、攻坚克难、"亮剑"、钢铁般的意志等，这些都是我军在长期革命战争和长期和平时期培育出来的战斗精神，这是我军的红色基因。

柳叶飞絮：

合庆：兵无常形，战无定势，变和不变都是永恒的法则。有点意思。

中国馆前的回望与畅想

每次到世博园中国馆前凝神驻足，总会生发万端感慨。中国馆、"中国红"，在不知不觉间给我力量、希望、包容、自信、荣耀和自豪，以及太多的启示和教益。这是教科书上所不能给的，也是专家教授所难于传递的，那就是回望和畅想。

从"中国红"到气势恢宏、厚重沉稳、别致靓丽、大气磅礴的馆架构，从馆内的《清明上河图》到改革开放30年的《历程》，从"低碳"单元到创新科技手段的运用，偌大的中国馆，带领我们回望历史进程、畅想未来和诠释现代的相互交织。在这里，你时时处处都能感受到，泱泱大国复兴路上的沧桑、辉煌和灿烂，也能感受到畅想未来，追逐时代浪头，抢占世界科技前沿，比拼科技的潜能、气势和底气，感受到她的现代成就和自豪。

在中国馆，我看到的着实不是满足“某些人”说的所谓的中国式的虚荣和面子，是实打实地给国人脸上贴金，给咱黄皮肤长脸。单说“中国红”，她确实深蕴着很多道道，为了保持颜色的整体一致性，要从那么多红色中挑选适合的红色来绝非易事，780纳米波长的强色彩，首次用在这么大的建筑上。“中国红”由7种不同的红色组成，其灵感来自天安门城墙色，最后在色彩专家的集智攻关下确定了7种红色。其中，斗拱从上到下，由3种红色组成，4个核心筒用的是另一种红色，建筑内侧由剩下的3种红色组成，从上到下，由深至浅，肉眼很难看出来。日夜更替，“中国红”亦随之变化。近，可观纹理。中观，纹理隐约可见。远，则能欣赏渐变的红色。白天4个核心筒的颜色稍亮，而夜晚横向斗拱的红色则较亮。中国馆的外墙材料使用类似纺织品灯芯绒肌理的复合铝板，使“中国红”的颜色层次丰富鲜活靓丽。再说中国馆的绿色、低碳生态建筑技术，外型设计可有助于调节室温，建筑表皮能降低25%的能耗，顶部和外墙的太阳能电池，基本实现用电的自给自足，顶上的雨水收集系统实现可循环利用，好一个令人惊叹叫绝的创新技术——地道的绿色生态环保！

驻足中国馆，“回望”和“畅想”四个字总是挥之不去。在中国馆，看到的是古老智慧和现代高科技的有机结合。是“天人合一”思想通过科技手段激活了这一古代智慧。回望，是为了铭记历史，从中汲取精神养料和厚重的文化内涵，昂扬精神。畅想，是为了放飞思想，加快前行的步伐，自由恣意地翱翔。回望，是为了记住历史，以史为镜，知兴替、明得失、正方向、知担当。畅想，是为了明天，为了未来，为了给思想浇灌新理念，洒下创新的雨露和阳光，扬起创新的风帆，追逐梦想，实现梦想，学会激情奔跑。回望和畅想，是历史的必然，时代的必然，是必然的选择，必须学会回望和畅想。

回望历史，畅想未来，是民族担当，国之担当！中国馆无疑给了我们这样有益的启示和教益！当谨记之。

品味科学“盛宴”

举世瞩目的世博盛会，上演着一出又一出好戏，万千观众“蜂拥”世博园。我们到世博园看什么？世博又能给予我们什么？

走进世博园，另类、独特、新奇、富有创意的各国场馆，就会吸引你的眼球，牵引你的目光，让你不由自主地迈开双脚。你会惊叹，原来生活还可以这样，工作也还可以这样。即使排着长长的队伍，依然心怡之。抑或，这就是世博的魅力所在。

我是忠实的“博粉”，只要有机会，便会走进世博园，用心品味，尽情享受。中国馆的《清明上河图》用现代科技手段，让尘封久远的几百个历史人物“动”起来、“活”起来。“丝路宝船”——沙特馆俊俏的外形，惹眼撩人。馆内空中3D影院，1 600平方米的屏幕，让人震撼。香港馆的光影互动、澳门馆的兔子宫灯、加拿大馆神奇的水、美国馆的“仿真”电影、英国馆“种子圣殿”的奇妙设计和创意，给人无限遐想，创新和科技的魅力展示得淋漓尽致。世博开园至今，我已经看过3次，总是乐此不疲，每次都有新感受，每次都有新收获，这就是创新的魅力，这就是世博的魅力，这就是我成为“博粉”的原因。

世博会的核心在于创新和科技的展示，科学的引领。君不见，上海世博会上，各国都拿出看家本领、使出浑身解数打创新牌，现代科技成为主旋律，尤其是发达国家轮番展示科学、低碳的科技成果，展示科技的魅力，展示创新的价值。世博是一次真真切切的科技盛会！一次发生在人们身边的科学“盛宴”！一次全球科技、人文创新的实践大课堂！

请亮好这张“中国名片”

上海世博会，说到底就是一张给全球展示的“中国名片”。展示中国文化，展示中国精神，展示中国速度，展示中国“功夫”，展示中国魅力。共同加油努力，人人都是东道主，人人当好东道主。才能亮好这张精神名片、文化名片、文明名片。天时地利，亦得配人和。每个中国人争做服务世博的尖兵、文明世博的喇叭、平安世博的哨兵、和谐世博的典范。

国际盛会全面检验了中国素质和中国管理，展示了中华大家庭的文明、大气、智慧、和谐。有一位叫侯庆山的上海老人，今年 74 岁，为了当上世博志愿者，从申博成功起，老人准备了 8 年，成了 220 名世博园区长期管理岗位志愿者中最年长的一位。为了入选“世博人家”，弥补宾馆住房不足，让海外客人了解中国文化，参选者腾出最好的房屋、拿出自己的“最好”。

中国之于很多来看世博的外国人，近乎陌生和神秘。向世人展示中国、推荐中国，向世界介绍中国，帮助人们更好、更真实地了解中国，消除一些误解和偏见，上海世博会是绝好的机会。客观、透明、自然、真实地展示自己，是每个中国人最需要做的。利用世博这张名片介绍自己、举荐自己，就是要从一点一滴踏踏实实做起，从国际友人踏入国门开始，就得体现文明、体现素质和素养。世博园更是绝好的舞台和平台，因为这是个国际盛会。我们必须时时处处，体现文明风范、华夏风范。不失分，不丢面子。当然，举办世博不仅仅是为了展示自己，也是一种政治责任和要求。百年世博之于我们实属不易，机会难得。不能让他人石头缝里瞧咱。这个百年一遇的机会，若没珍惜，更正形象就难上加难了。

打好这张牌，就是要聚焦城市、环境、文化、发展和未来，倾情打造“中国名片”。从传统到现代，从文化到旅游，从经济产业到市民生活，用我们的特色和土特产推介自己的形象和内核。

亮好中国名片，还要低调谦逊，借这个千载难逢的机会好好向他国和他人虚心学习。只有这样才能展示好“中国名片”，真正打好这张牌。展示好这张“中国名片”，每个中国人都责无旁贷，让我们一起努力吧！

冯自由在《巴拿马太平洋万国大赛会游记》中写到：“世博会更重要的是文化、是精神、是思想。”是啊，文化之于世博乃至人类是何等的重要。国家的发展需要文化，城市的发展需要文化。文化需要积淀升华，文化需要融合。融合有力量，融合的文化更有力量。

漫步上海世博园，随处可见：西班牙馆藤条“外表”的中国元素、美国馆的“学说普通话”、南非馆的“凤凰涅槃”……东西方文化相互融合、相互渗透、相互交织、相得益彰，令世博变得更精彩。文化的多元和融合推进城市文明的发展，这就是融合的力量，这就是文化的力量！

城市竞争力，说到底是文化的竞争力。文化需要多元，多元是人类的幸事，文化全球一体则是灾难。多元需要理解，也需要融合。经济可以全球化，文化断然不成。不同文化、不同文明可以交流、交汇、融合，促进城市文明进程。城市让生活更美好，多元文化的融合，让城市的距离更近。

美国西雅图举办世博会后，从一个名不见经传的小城，很快发展成为一个现代化大都市，靠的是创新和挑战的拷问激励，更重要的是新文化的浸润。打开眼界，振奋精神，增强信心，人类有足够的智慧解决人类自身面临的新问题。

上海世博会以低碳、节能、环保、生态、科学发展、人类素质的提高、对美的追求，尤其是对世界多元文化的体现为主线，充分展示新能源、新技术、新材料，绿色经济、低碳经济，对上海加快建设知识密集型产业中心起到强力推助作用。各国文化思想的交流碰撞、融合发展，促进国家和城市软实力、巧实力的提升，让人们明显感觉到城市发展的铿锵步履。

城市发展需要文化的融合。城市文化的多样性，为城市可持续发展提供无尽的精神源泉。文化让一座城市走得更远。上海世博会呈现了新文明、新文化、新思想、新创造、新成果、新发展，推动多元文化的交流融合，展示了国家形象，凝聚了人心，提升了民族精神。文化的融合，让情感与价值最终融合，在人们的心田种下感性的种子、智慧的种子、文化的种子、科学发展和可持续发展的种子，让人们看到城市美好的明天。

联合国教科文组织总干事伊琳娜·博科娃在上海世博会期间积极推进"多种文化平等发展，促进文化传承更有连贯性，使得这个世界更平等、更平衡。"

融合才能包容，包容方能大气。城市的发展离不开文化，文化需要包容融合。上海世博会给我们编织了多元文化包容与交流加快城市发展的美丽梦想。

亮好这张"名片"，才能实现国家富强、民族复兴、人民幸福、社会和谐，最终实现中国梦，实现人民的梦。

和時篇

真水无香汩汩淌，生机灵动韵味足。

创新之树常浇灌，和时而行登珠峰。

——子言

创新是人类永恒的课题，是一个国家和民族进步的源泉和不竭动力。种下一棵智慧树，便会长成茂密的森林，悉心浇灌创新之树，才能拥有生机盎然的知识林。

创新是身边不经意的浪花。潜心创新，才能硕果盈枝。唯有创新，才能担当。唯有创新，生命才能绽放璀璨的光芒。

创新不易，创新艰辛。创新无悔，创新行得远，创新者永远年轻。创新能超越，创新者卓越。请加入创新的队伍，拿起创新武器，去追赶事业的太阳吧！创新的天空最灿烂，创新的果实最甜蜜。

创新每天都是新起点

一元复始，万象更新。时光的脚步，又一次地提醒人们：新的一年来到了。辞典对“新”有一种解释：“革除旧的，换上新的”。这里的“新”，指的是一个扬弃的过程，是一种创造的“新”。创新是一个民族进步的灵魂，是国家兴旺发达的不竭动力。唯有创新，才能超越。唯有创新，才能发展。新的一年，应该在“创新”中起步。

创新责任重。党的十七大报告通篇洋溢着“创新”思想，然而创新并不是简简单单、表象的几个字，需要靠沉甸甸的责任感和强烈的责任心来实践。我国首次月球探测工程成功，实现了中华民族的千年奔月梦想，使我国进入了世界具有深空探测能力国家的行列，这是中华探月人凭着“上天揽月、为国争光”的强烈责任心，创新努力、执著探求的结果。我们处在一个竞争激烈、飞速发展的时代。中国特色军事变革加速推进，军队革命化、现代化、正规化建设全面加强，履行新世纪新阶段历史使命能力显著提高，虽然和平与发展依然是时代主题，但世界并不太平，创新责任仍重，我们要像我国探月人那样，始终坚持使命高于一切、责任重于泰山的信念，埋头苦干，无私奉献，以国家利益为第一需要，以人民利益为最高利益，为国家和军队创造更多财富。必须高标准地履行好创新的职责，不辜负党和人民赋予我们的重大历史责任。

创新脚步急。创新要有板有眼，脚踏实地，不能亦步亦趋，步人后尘。世界著名汽车公司——日本丰田公司之所以在短时间内走向全球化，就得益于高人一筹的创新。为了加快新车开发，公司首开先河，设立了首席工程师一职，并授予广泛的自主权。丰田公司自实施首席工程师制度以来，新车开发速度大大加快，它的新车型从概念变成商品用了不到4年的时间，而美国同行则需要5年多，德国则需要7年之久。这就是创新的速度，创新需要速度，创新就是要快马扬鞭、骏马蹄疾，要有“不用扬鞭自奋蹄”的精神。张瑞敏有句名言：“市场永远不变的法则是永远在变”。好莱坞电影明星朱莉有句座右铭：“人在搁浅的时候必须学会奔跑。”市场在变，一切都在变，创新必须迅捷，甚至要用奔跑的速度。速度是看不见的、无形的，但又是实实在在、懈怠不得的，必须分秒必争，毫秒必争，就像世界跨栏高手刘翔那般“风驰电掣”。

创新无穷期。美国管理大师德鲁克说，“创新就是创造一种资源”。创造更多更好的资源，才能永远立于不败之地。创新任重道远，要有只争朝夕、废寝忘食、夜不能寐的紧迫感。成功在向你招手，但彼岸远未到达，创新永无尽头。因为在这个高速发展的世界里，谁都在创新，谁都唯恐落后别人半步，谁都在你追我赶，不甘示弱，没有人会等着你追赶。徘徊观望不成，驻足回首更不成。这是全球“游戏规则”，是人类历史发展必须共同遵循的规律，因为实践永无止境，创新也就永无止境。我们必须站在一个又一个新的历史起点上创新，创新——每天都是新起点。

柳叶飞絮：

2009年10月20日，被人民网、中国共产党新闻网、中国人事报社、党建文汇杂志、组织人事报社、党员干部之友杂志社“全国优秀微型党课

教案征集评选”作为党课教案选登。

创新无定势

兵无常势，水无常形。创新亦如是，创新永远无定势，世界新军事变革需要创新，未来高技术条件下的局部战争需要创新，诸多创新均无定势。

3 000 多年前，我国古典哲学著作《周易》认识世界贡献颇大，它有三大原则，之一即为“变易”，天地宇宙、自然现象、生活方方面面，没有一样东西是不变的，治军作战亦同此理。这种变不是指物体之间的相对运动变化，而是世界上的一切事物，一切的人及人的思维活动，无时无刻都在不停地变化发展。古希腊哲学家赫拉克里特说过：“人一只脚不能踏进同一条河流”。一切皆流，无物常驻。

创新无定势，要有孩子做脑筋急转弯的思维。《左传》之《曹刿论战》中云：“公与之乘，战于长勺。公将鼓之。刿曰：‘未可。’齐人三鼓。刿曰：‘可矣。’齐师败绩。公将驰之。刿曰：‘未可。’下视其辙，登轼而望之，曰：‘可矣。’遂逐其师。既克，公问其故。对曰：‘夫战，勇气也。一鼓作气，再而衰，三而竭。彼竭我盈，故克之。’”曹刿向鲁庄公献策，最终赢得战争的胜利，用的就是一个“变”字。求变求动求异，古今中外概莫能外。诸葛亮用兵、田忌赛马、多尔衮与李自成的山海关之战，皆为破陈规之举，从没有定势。自古华山径无双，人生没有单行道。这皆像极了今天的孩子做脑筋急转弯。

一位心理学家说过：只会用锤子的人，总是把一切问题都看成是“钉子”。一定要从书本、经验等所谓“约定俗成”的定势中走出来，不走老路，打破常规。曹冲称象、司马光砸缸救小孩，都是一种超越思维定势。思维定势是创新思维的大敌，平时的训练、野外拉动、战法研究、联合军演，有模式又没有模式，从无固定样板可以克隆。海湾战争期间，美国等多国部队进攻伊拉克，虽然预先设定了许多进攻方案和模式，但都不是战争的真实场面，他们在变化中所向披靡，在非定势里赢得战争的胜利。当然，也正因为他们设定了多种想定可能，又不墨守成规，灵活运用战法战术，才牢牢把握战争的主动权，最终赢得了战争的胜利。

要会继承更要会发展。伟人毛泽东堪称典范，他熟读兵书，颇知兵法，善用孙子兵法，灵活运用又超越法则。从无到有，从有到无，有生于无，无为有之母，有与无互为统一，这种统一，为创新发展强力助推。且看毛泽东的创新之举，在长期的革命战争实践中，毛泽东在深入分析中国革命战争的基础上，提出了一系列符合人民战争规律的战略原则。如，实行积极防御，反对消极防御；战略上以弱胜强，战术上以强击弱；战略上内线防御，战役战斗上外线速决的进攻战；灵活机动地使用兵力和变换战术；游击战、运动战和阵地战三种形式配合、转化；集中优势兵力，各个歼灭敌人等。在井冈山革命斗争时期，他和朱德总结出红军作战的方针：敌进我退，敌驻我扰，敌疲我打，敌退我追。怎么有利就怎么打，怎么有效果就怎么干。“打得赢就打、打不赢就跑”。毛泽东在战争中从不用旧有模式，把战法、战争规律研究得十分透彻，把战法运用得炉火纯青又出神入化，他从不按常规出牌，赢得了一场又一场战争的胜利。水无定势，上善若水，创新不是盲目地拍脑门，不是主观的一时臆断。市场从无定势，足虑者胜，善谋者赢。世界许多著名企业和企业家都是这样，沃尔玛、皮尔卡丹、微软大王比尔·盖茨、股神巴菲特等都是无定势的创新者和大赢家。连“老谋子”张艺谋拍《满城尽带黄金甲》都是超越自我，加入了许多新元素，“杰王子”这个戏中本来没有的角色，一亮相就创造了中国票房之最。

创新的天空最灿烂，创新的成果最甜蜜。创新无定势，诸事皆如此。无法则就是永远的法则，循规蹈矩死路一条。创新从无定势，只要我们把握规律，超前思维，突破常规，就一定能够赢得主动权。

柳叶飞絮：

于超：创新就在我们身边，只要你留心，创新无处不在，会创新真好。

敢于颠覆传统的思想观念

学习实践科学发展观活动是否有效？能不能达到预期目的？学习前后是否不一样？用什么来检验效果？我以为最为主要的就是看看传统的思想观念颠覆了没有？冲破旧有的思想羁绊了没有？只有做到此两点，方能求得“真经”，获得实效。

要有颠覆传统思想观念的意识。在学习实践活动中，尤其是读书学习、理论武装阶段，要带着颠覆传统思想观念的“问题意识”学，带着这种“问题意识”武装头脑。不是看似认真地闷头死啃书本，一五一十地照本宣科，一股脑儿地把规定书目原原本本读完了事。而是需学中有悟，在悟中学，带着这种“问题意识”学就有可能把书读活，把书读“薄”、读透，读出成效来。会发现、善发现哪些是不合时宜的，哪些是束缚手脚的桎梏，知道会判别什么是旧的观念，什么是阻滞发展的观念，把这些旧有观念找出来，才有可能为下一步打下坚实的思想理论基础。当然，读书学习、理论武装是个永恒课题，不是学一时了事或用时再学，而是要终身学，终身武装。因而颠覆传统观念的“问题意识”也应当伴随着人们的终身。

要有颠覆传统思想观念的底气。颠覆传统观念的底气是什么？这个底气不是空穴来风，需要实实在在的理论武装，是高层次的武装，来不得半点虚假。要把马克思列宁主义、毛泽东思想、“三个代表”重要思想和科学发展观的重大理论观点学深学透，把书本上的知识学深学透，会思会悟，真正掌握重大理论观点，把握方法。这里说的底气就是智慧，就是开启解决问题思想的金钥匙，就是方法论。除此之处，还要有带着镣铐跳舞的功夫和底气，没有这些，颠覆传统思想观念是万万做不到的。

要有颠覆传统思想观念的勇气。勇气有时比智慧更重要。在学习实践活动中，要想改变已有现状，确实需要过人的智慧，但有时更需要过人的胆识和勇气。每个人都要在学习、实践活动中培养、磨砺这种胆魄和勇气。要敢于冲破、走出那些自我感觉不错的，走出熟悉，走出习惯，拒绝传统回到陌生。走出传统，在否定和扬弃中前行。当然，勇气来自底气，没有把握和准备的底气，勇气就无从谈起。因而，在学习实践活动中，颠覆传统思想观念的胆魄和勇气显得尤其重要。

要有颠覆传统思想观念的办法。就是要知道怎么样转变旧有观念，会与传统观念决裂。传统的观念很多是“小我”作祟，个人的东西多些，就是要能跟“小我”说不，跟昨天和当下说不。在想问题、搞筹划、出思路、办事情上，不能光说“不能怎样怎样”，更要会说“还可以这样那样”！学有所得，能学以致用，会把学习成果及时内化为精神动力，会指导实践、指导工作，解决问题，推进发展，会活学活用，把理论和实践真正结合好。

颠覆传统思想观念，不是将所有传统观念都颠覆。好的思想观念、好的作风，要不折不扣地坚决继承，甚至是发扬光大；不合时宜、阻碍发展、不利于党的事业的思想观念，要坚决剔除，坚决转变，不留尾巴、不留根须。

柳叶飞絮：

被《解放军报》军媒视窗摘用。

送你一双慧眼

南非世界杯给人激情，上海世博会分明就是送你一双智慧的双眼。不信，你细细品味上海世博场馆后就会发现，世博教会你欣赏，教会你审美，教会你正视工作和生活。谁说不是？理念演绎生活，科技引领未来，创新改变世界。这些都在悄然推进人类文明疾步前行。上海世博会就是这样。

送你一双科技的慧眼。上海世博园里，科技元素、科技理念，总是如影随形。稍加留意，从场馆外形到馆内设计，乃至馆内一隅或犄角旮旯，都能觅得科技的芳踪。创新的场馆，创新的元素，比比皆是，数不胜数。机器人，超乎寻常的想象力，科技无所不用其极，从世博门票到安检，从步入场馆到出园，处处显现科技的元素，科技创新的理念。

送你一双文化的慧眼。世界文化博览会，绚丽的文化，多姿多彩，不同肤色，表达共同的心愿。在文化的百花园，在文化芳草地上，传递文明，跨越国界，超越地区疆界，演绎精彩。每个国家馆，轮番上演的大都是国家文化大戏，为了展示文明，每个国家、省市、地区都把自己民族的精髓完美展示，尽情展示“土特产”。让你在领略文化、欣赏文化的同时，提升品位，感受文化大餐的靓丽、美味、愉悦。

送你一双历史的慧眼。徜徉世博园，你常常能看到历史的印迹。在历史中观古今，透析时光。借世博这个难得的契机，将古文明、古文化，纷纷拿出来亮相。古埃及文明、古巴比伦文化、古罗马文化、文艺复兴等世界历史文明，只有在世博上才得以解密，露出蒙娜丽莎的真面目，利用各种现代手段，还沧桑以现代。穿越古今、超越古今，超越历史的苍茫。感受历史、触摸历史，拥抱古今，嫁接古今。站在历史岁月的舷梯上看人间的风景，才能看到最美的风景，旖旎的风景，奇特的风景，别样的风景。

反向思维者胜

近读《辽宁青年》中一则故事颇受启发，故事讲述的是一家外国公司为了彰显科技实力，举办了一场举世瞩目的国际象棋比赛。一方是多位一流国际象棋大师，另一方是该公司研制出的机器人。谁要是赢了机器人，就能得到一笔丰厚奖金。

一位又一位顶尖大师耗尽心智，却纷纷败给机器人。于是，很多人断言，没有人能赢机器人。就在这时，一位女选手满怀信心地坐在机器人面前。让人大跌眼镜的是，她一出手就走了几步“败棋”，看得大家莫名其妙。但令所有人不可思议的是，所向披靡的机器人很快就乱了方寸，几分钟就“投降”了。原来这位女选手比赛前通过观察发现，机器人虽然出手不凡，但都是套用最佳棋路。亦即，集中多个一流棋路来对付大师独到的棋路，而当她反其道而行之，走低水平棋路时，机器人没有事先安装对应程序，不能破解，只有“拱手”认输了。

读至此，笔者不禁为这位女棋手拍案叫绝，她着实高明至极啊，高就高在她的反向思维！自古及今都有“取法乎上，变则通。”一说，这是亘古不变的常理，但又为一般人所不能为也。无论是远古洪荒，还是竞争激烈的当下，想在复杂多变、诡秘高深的游戏规则中取胜，必须以变应变，有时甚至需要以不变应万变，逆向思维走“反棋”，出其不意、攻其不备。

孙子曰“兵者，诡道也。”诡道之法，与寻常思维迥异方可矣。刘邦采用谋士张良的“明修栈道，暗渡陈仓”之计，战胜秦降将章邯，接着平定三秦，又迫使项羽刎颈乌江，终建立了汉家帝业，实属反向思维之经典。朱元璋在鄱阳湖上火攻陈友谅庞大的战船队伍，灭了陈部，又消灭了张士诚，终建立大明王朝，用的亦是逆向思维。

古之战争如是，近现代战争更是这样。二战中，纳粹德军想用“闪电战”将年轻的社会主义国家前苏联扼杀在摇篮中。1941年11月6日，战斗在莫斯科郊外打响。在危险关头，莫斯科人民照例举行十月革命24周年庆功大会，11月7日，德军元帅冯·包克指挥的队伍与苏军进行着殊死战斗。在德军疯狂进攻下，就在德军离莫斯科不远处，斯大林没有跟着希特勒的思维走，在红场举行盛大的阅兵式，这着实令希特勒和冯·包克匪夷所思。数十万苏联红军和民兵接受斯大林检阅后，直奔战场参加莫斯科保卫战。斯大林亲自指挥战斗，苏联红军破釜沉舟跟世界上拥有最先进武器的纳粹德军进行着惨烈的战斗。酷寒中，德军溃不成军，苏联红军最终击败了德军，莫斯科保卫战彻底胜利，希特勒“闪电战”之梦从此成了梦魇。希特勒从力量的巅峰开始步入低谷，苏军赢得了战略主动。斯大林用的就是反向思维。在中国战场，武装到牙齿的小日本傲慢骄横、不可一世地与我八路军、新四军交手过招，尽管八路军、新四军用的是小米加步枪，但是在频频的反向思维中，我八路军、新四军打游击战、麻雀战，声东击西，不按常规出牌，变被动为主动、变劣势为优势，从小胜到大胜，最终赢得胜利。

央视热播的电视连续剧《亮剑》中，主人公李云龙亮剑疆场，使的大都为反向思维的奇招怪招，故而常令对手琢磨不透、措手不及，甚至根本找不着北。

两军对垒，不仅是军事实力的较量，更是智谋的打拼。市场经济中这样的例证并不鲜见，联想、阿里巴巴、搜狐、海尔、国美等大企业，一招一式用的都是反向思维，最终做大做强。在我们生活中也有这样的例子，据2008年11月10日《中国青年报》报道，一直备受关注和争议的昆明市委书记仇和，履新昆明市委书记10个月就变革189项制度，在仇和的执政逻辑里，要把昆明这个远离海岸的城市建成几个“港口”，如信息的港口、制度的港口，没有过人的思维，他根本就想不到这些新举措，这就是仇和的反向思维。刚到昆明时，他就坦言，没有落后的地区，只有落后的制度。他的189项制度变革被坊间评论为是“戳了官员们的懒骨头”。体育比赛中那些经验老到的运动员之所以拔得头筹，很多用的就是反向思维，美国游泳天才菲尔普斯赛前不是去做高强度的适应性训练，却反其道而行之，打扑克休闲、睡懒觉，彻底放松自己，把身体调整到最佳状态，最终创造北京奥运会的奇迹。

当下，我们正在毫不放松地抓军事斗争准备，着实需要一个又一个反向思维，如是方能站在前沿思量，出奇招、出狠招、出实招、出怪招，才能做出惊人之举。古往今来，没有哪场战争会顺着你的思路走，围着你的意志打，战场瞬息万变，什么情况都有可能发生，拘泥于老套、墨守成规，没有反向思维肯定难赢，即便有胜的个例也是运气和偶然使然。未来信息化战争作战空间多维一体，思维方式必须多起点、多逻辑、多线索、多层次、多角度、多情况、多方位地逆向、连贯、变幻，甚至奇思妙想的创新，这需要花很多心智，耗费很多脑力，苦很多脑子。当然，反向思维和谋略并非一蹴而就，并非万能的，反向思维和谋略加之先进技术辅之，才能决战决胜。多个套路，逆向思维、多种思维，才能更有针对性、更有成效。

创新在“别处”

生活在别处，创新在别处，别处别有洞天，别处风景独好。迎接世界科技革命需要别样的创新思维，面对日新月异的世界新军事变革需要创新在别处。为了抓住时机，努力实现跨越式发展，目前世界上许多国家都在以狂奔的速度力图抢占战略制高点，夺取军事变革的创新先机，想方设法发展壮大自己，唯恐落于人后。新世纪、新阶段，为了谋取长远战略利益，少数军事大国竞相寻觅和扩大新的发展空间，大力发展军事航天力量，不断完善太空和空天一体作战理论，加速推进太空战的实际部署，使得军事实力等比增长。在这场世界新一轮的军事变革与转型中，已经有越来越多的国家认识到，在资源有限、财力有限的新形势下，欲实现未来的快速发展，决不能固步自封，安于现状，必须闯出一条适合自己国情的创新发展之路。

长期以来，人们在实践中往往很容易习惯于传统的思维定势，做起事来喜欢按部就班、墨守成规，甚至总是有意无意地盲目追随与跟从，很难跳出常规。有时，还会令人啼笑皆非地穿新鞋走老路，身子跨入了新时代，思想却仍然停留在原处，何谈创新之有。没有了勇气和智慧，没有了底气和活力，又怎会想到别处、找到别处，于别处打开创新之门。

说到底，所谓创新在别处，就是决不能总在以往传统的泥潭里打转。据有关研究，拥有 10.9 亿人口的世界第二人口大国印度，原本经济并不发达，可近些年来他们痛下决心，独辟蹊径，誓赶发达国家。美国期刊撰文指出：印度的崛起没有采取亚洲的经典模式，即向西方出口劳动密集型的低工业产品，其 GDP 的增长也并非单纯地依赖资本或劳动数量的增加，而是依靠国内市场消费业和服务业及高科技产业等，迅速实现了新的经济转型，1980 年到 2002 年印度经济每年增长 6%，而从 2002 年到 2006 年，每年则增长 7.5%。在新的 20 年里，每年有 1%的穷人脱贫，中产阶级的规模翻了两番，人均收入从 1 178 美元增加至 3 015 美元。

近年来，一些经济和军事大国的发展更是引人注目。像美、俄、英、法、德等国，都是靠自主创新、科技推动，才奠定了自己的国防实力和基础。所以，要想在世界新军事变革中逐浪追潮，就必须摆脱束缚，冲破羁绊，在柳暗花明处大刀阔斧地创新，在别处看别人难以看到的风景。

其实，每个领域创新于别处的世界都是光彩夺目的。"世界杂交水稻之父"袁隆平，在普普通通的水稻种植中研究出不普通的"杂交"品种，创造出了造福于人类的新成果；门捷列夫独辟蹊径，别出心裁地创造出元素周期表；但丁于无人处创作出《神曲》；孟德尔在别处破天荒地发现了遗传学的分离和自由组合；物理学家丁肇中坚守寂寞，在别处快乐创造，终于取得了重大科学发现；一生中两次获得诺贝尔奖的居里夫人，一次又一次地在创新处创新，在学界作出举世瞩目的巨大贡献……创新在别处的例证不胜枚举，科学泰斗如此，寻常人亦然。

创新在别处并不是花里胡哨的标新立异，更不是异想天开的想当然。它是一种未雨绸缪的哲学观和发展观，是经年积累的瞬间嬗变，更是一种品格和境界的提升过程。据国外媒体报道，越南的改革开放时间不长，但是他们能够汲取世界各国的成功经验，善于结合本国国情创新发展，短短几年经济便得到了腾飞。无数事例证明，创新是不会青睐没有准备的头脑的，也永远不会叩开懒汉的大门。所以，要想在世界新军事变革中大有作为，唯有不断创新，才能够永远立于不败之地。

创新在别处，就是要继承先人和传统的精华，而不是一味机械地传承，必须寻求新突破，超越传统，在实践中科学地借鉴，融会贯通；还要善于跳出熟悉的"环境"，跳出习惯的"圈圈"看世界，辟"别处"之风景，引领创新的方向，驾驭科学的"航船"乘风破浪，勇往直前。

总之，创新在别处，一览众山小。这是一种精神，是一种境界，更是一种实践。新军事变革需要这种境地，赢得未来与发展更需要这种超越！

柳叶飞絮：

杭州于泓博：身子跨入新时代，思想却仍停留在原处，谈何创新之有。前瞻啊！

让创新成为一种习惯

创新改变生活，创新改变世界，创新改变人生，创新开创未来，创新力量无穷。创新既是一种责任，更是一种追求。著名学者卡尔梅科娃把人类思维划分为“创造性思维”和“再现性思维”。其实，再现性思维也好，创造性思维也罢，其最高境界在于创新，并且能够让创新成为一种习惯。

无论何时，人类都应呼唤创新意识，善于用创新方法解决问题。然而，创新又是十分艰辛的劳动过程，正所谓创新者总是孤独的。

古往今来，无论是哪场战争，战法的运用无定势，创新的例证比比皆是。现代战争也好，未来战争也罢，都离不开创新思维。只有张开创新思维的羽翼，放飞创新思维的梦想，才能立于不败之地，战无不胜。故而，主动创新、自觉创新，应当成为一种自觉习惯。

激活创新意识。何谓创新意识？即唤醒沉睡在心灵深处的创新细胞，摆脱传统的束缚和羁绊，不被常规思路约束，寻求对问题独特性解答，用创造性、创新方法去解决问题。通过思维反映客观事物的本质属性及其内在联系，制造新的思维成果。欲求创新，必须主动呼唤、自觉呼唤创新意识，在做每一件事前、事中、事后，全过程激活创新意识。在学习中增强创新意识，增长创新底气。在工作中增强创新意识，做每件事都心装创新，保持创新姿态，拥有创新的做派，全身心投入。在日常生活中增强创新意识，注重点滴养成。恩格斯说过：“地球上最美丽的花朵便是人的思维。而创新思维、创造性思维，可以说是花中牡丹。”科学家富兰克林更是语出惊人：“一个人如果停止了创新的思想，便停止了生命。”如果连创新的意识都没有，何谈创新？因此，创新意识当伴随着我们一生，人类历史长河中创新意识与我们的灵感如影随形：曹冲称象、牛顿发明万有引力定律……其例证不胜枚举。有了创新意识，才嬗变出亘古罕有的效果。有了创新意识，创新思维才能变成一种行动。楚霸王项羽可谓叱咤风云、威震一时，汉王刘邦根本不敢望其项背，更难以与之抗衡。楚汉之争，刘邦拜韩信为帅，韩信用他独有的创新思维，竟然想到用蚂蚁这个"特种兵"来对付项羽，垓下一战把楚霸王杀得落花流水，小小的蚂蚁灭了项羽。"微软"现任CEO鲍尔默经常问他的员工："如果突然全球人都不用Windows和Office了，'微软'多长时间才能开发出新产品？"正是因为他和他的团队一直深怀忧患和创新意识，"微软"才走到了今天的境地。"微软"靠创新起家，创新成就了"微软"。

培育创新潜质。创新绝非与生俱来，让创新成为一种习惯绝非易事。创新需思于平素、悟于平素，方能破除定势，取得创新果实。创新的潜质和品质是要经历一番甚至几番苦寒方能砥砺培育出来。怎样培育创新潜质？必须多学习、深学习、苦学习、精学习、细学习，反复学习，广泛涉猎。学习军事、哲学、历史、文学、天文地理、科技前沿知识，等。向书本学，向能者学，向实践学，向历史学，向战争学，向群众学。还要向大师大家学，潜心效仿，虔诚追随，敢有十年磨一剑、甚至是数十年磨一剑的气概。有一生系一事成一事的气魄、毅力和耐性。有沉湎于一事，成就一事的坚守、韧性和执著。思于平素、悟于平素，方能关键之时一举成功。要关注世界，关注时代，关注潮流，始终保持敏感的时代嗅觉。不拾人牙慧，步人后尘。不炒冷饭，因循守旧。不徘徊裹足，定势思维。世界"杂交水稻之父"袁隆平起初怎么也没想到能把水稻的产量提高到现在这个水平，何以至此？最为关键的是，他从一开始就锁定目标，激活创新的潜质，累积创新的底气和能量，终于骤变出从未预见的结果。目前散落在战乱频仍地区的恐怖分子，自知自己不可能在数质量上占优势。

遂创新出能充分利用自身资源优势的新作战方式——蜂群战术。运用此种战术，只需数量极少的作战部队就能获得惊人战果。未来战争要想打败“蜂群”进攻，同样必须采用“蜂群”战术。

让创新成为自觉行动。创新不易，创新脚步疾，让创新成为一种习惯绝非非易事。创新是民族进步的灵魂，创新是人类不竭的动力。创新是一种资源和财富，创新是一种境界。著名的二战经典战例——安齐奥之战就是丘吉尔创新的大手笔。1944年初，意大利战场上，盟军被阻止在德军“古斯塔夫”防线面前，尽管盟军以美军第5集团军、英军第8集团军和英军独立第5军组成的第15集团军群，由亚历山大上将指挥，共计19个师4个旅，加之有近4 000架飞机支援，却怎么也突破不了德军C集团军群固若金汤的防线。德军C集团军群由凯塞林元帅指挥，下辖第10、第14集团军，共23个师，370架飞机。“古斯塔夫”防线从那不勒斯以北60余公里的地中海沿岸直至亚得里亚海边的奥尔托纳，横贯意大利，德军占据着卡西诺峰，仰仗着天险之利，易守难攻，盟军在1943年9月至1944年1月4个月中，付出了数万人的重大伤亡，还是没有取得突破。亚历山大将军于11月制定了代号“鹅卵石”的作战计划，准备投入1个师在“古斯塔夫”防线北面的安齐奥海滩登陆，协同正面部队突破“古斯塔夫”防线。但由于盟军对“古斯塔夫”防线的两次攻击均告失利，且正全力组织将于1944年6月发起的诺曼底登陆，地中海战区的一些精锐部队和装备都被陆续调往英国，美军第5集团军司令克拉克建议取消该计划，得到亚历山大的批准。1943年12月1日刚结束德黑兰美、英、苏三国首脑会议的英国首相丘吉尔认为盟军在地中海集结着优势的海陆空部队，而诺曼底登陆要到次年6月才会发动，他绝不愿意在这么长时间里无所作为，于是勇气加创新成就了他的计划，他强烈要求盟军地中海部队采取行动，攻占罗马，解放意大利全境，威胁德国南部。他与艾森豪威尔、亚历山大等地中海战区将领进行商议，被束之高阁的"鹅卵石"计划又重提出来。丘吉尔最终起到推波助澜的作用,他坚持兵力由1个师增加到2个师。盟军最终取得了重大胜利,德军受到了重创。

创新是一种境界,是一种思维资源和隐形财富,更是科技发展的不竭动力。简单自觉的创新,有时是最佳最有效的创新。创新是一种由创新者的素质和思路组成的运行机制,再将素质转化为创新者的思路、再由创新者的思路转化为创新者的行为的复杂过程。创新需要拒绝传统,绕过经验,回到陌生,抛开固有,打破思维定势,才能发现前所未见的创新境界。

伟人毛泽东之所以创造重大思想理论体系,得益于他的创新习惯。他以实事求是为出发点,以独立思考和辩证思维为基本方式,以调查研究为实践基础。不墨守成规,抱残守缺,善于独立思考,坚持辩证思维,创新思维。对待任何问题,既不为某种思维定势或他人思想所束缚,也不拘泥于已有理论和模式,最终创新出影响深远的毛泽东思想。

唯有习惯创新,创新不止,才能昂首阔步走向未来。

柳叶飞絮:

芜湖小伟:当创新成为一种习惯,你的面前将是一片坦途。

乐观篇

清丽清新人愉悦，寻常日子亦充盈。

快乐因子随处在，心有阳光沐春风。

——子言

心有阳光，如沐春风。阳光的人最惬意，阳光的人最快乐。阳光能容人，阳光最有福。阳光成大器，阳光成大事，阳光天不负，阳光无烦恼。

心里坦荡，可盛环宇。心有高心，海燕自然飞过海。步不止步，行已远行还远行。战士心如明镜，隐晦和阴霾无处藏身。心有阳光，可移泰山。

心有阳光，无私无畏。心有阳光，天宽地阔。心有阳光，心灵的百花园就会异常美丽。心有阳光方向明，心有阳光，希望一定在不远处等着你！

阳光心态　激情工作

心有阳光，如沐春风。哲人云："诱惑的人生需淡定，淡定的人生不寂寞"。从容淡定的人生是美丽的。拥有阳光心态，小鸟都会唱歌，清风也会跳舞。惬意轻松地活着，激情才能汩汩流淌，工作着才无比快乐。苦乐、悲喜、隐晦、阴霾、顺意、坎坷、纠结、忐忑、阳光、敞亮、矛盾、彷徨，这一切均由心生，全由你自己决定，足见心态是何等重要！阳光心态、激情工作是快乐和幸福的因子。有好的心态就有好的工作状态，心态在工作中无法取代。

有一种心态叫阳光。有句广告词"年轻态，健康派"，说的就是心态。心有阳光，周遭的一切都会变得灵动生趣。平素不经意的人和事，会显得亲切和惹目起来。甚至连妒忌诋毁（网络语言戏语：羡慕嫉妒恨）过你的人，也不再面目狰狞，忽然变得美丽善良起来。真的不必在意那些个鸡毛蒜皮的小事，更不要小肚鸡肠。物理学里早就讲过，作用力和反作用力。心有阳光连免疫力都会提高许多。曾有专家做过试验，心态好、整天阳光灿烂的人，呵出的气息都是健康的。心态不好、整天牢骚满腹的人，呵出的气息都是不健康的。心有多大，舞台就有多大。心态好，事业的舞台就会无限延展，生命的厚度就会非比寻常。心态好，潜能就会最大限度地得到发挥。心态好，激情会燃烧起来。心态好，灵感的老人便会频频青睐你。小胜靠运气，大胜靠境界和阳光心态，这是古往今来反复明证颠扑不破的真理。

有一种状态叫昂扬。工作向来是人们赖以生存的基础，工作着是快乐的，工作着是充盈的，工作着是幸福的。故而，人们要以昂扬的状态去投入工作，以昂扬的状态对待每件事、每项任务，高标准、高质量、高效率地完成好任务。昂扬状态，就是要认真，始终保持奔跑的姿势，蓄势待发、一丝不苟、精益求精。有位领导说得好："做事情，第一位的是认真，其次才是能力"。认真做事可以把事情做好，用心做事可以把事情做到极致。此所谓，没有最好，只有更好。这就是一种状态，状态好就像加足了马力的发动机，倍有力道。工作着是幸福的，工作着你才能找到成就感，工作着你才能投入到团队里、集体中。工作着才能找到归属感，才能找到价值体现。工作使人年轻，工作着你才能更有活力和创造力。工作着，你才会发现自己多有能力和水平，潜能才能有机会得到发挥。一切的一切才能进入良性循环状态。

有一种胸怀叫宽广。世界上最宽阔的是海洋，比海洋宽阔的是天空，比天空宽阔的是人的心灵。大气阔达，心无泥污，心有圣洁，心如明镜，可以远矣。胸怀是一种能力，更是一种境界。小成靠能力和智慧，大成靠德性和胸怀。赵朴初先生的宽心谣说得好："日出东海落西山，愁也一天，喜也一天。遇事不钻牛角尖，人也舒坦，心也舒坦。每月领取养老钱，多也喜欢，少也喜欢。少荤多素日三餐，粗也香甜，细也香甜。新旧衣服不挑拣，好也御寒，赖也御寒。常与知己聊聊天，古也谈谈，今也谈谈。内孙外孙同样看，儿也心欢，女也心欢。全家老少互慰勉，贫也相安，富也相安。早晚操劳勤锻炼，忙也乐观，闲也乐观。心宽体健养天年，不是神仙，胜似神仙。"这是何等境界，无怪乎他老人家这么有造诣，这么有成就，这么长寿。胸怀宽广，天高地阔，可成就万事。

有一种幸福叫简单。有则短信写得好，"小时候，幸福很简单；长大了，简单很幸福。小时候，梦幻很美好；长大了，美好很梦幻。小时候，理想很坚定；长大了，坚定很理想。小时候，朋友很多；长大了，朋友可贵。因为有缘，我们彼此珍惜，因为珍惜，我们彼此祝愿。"短信不长，但闪烁着一个真谛，那就是简单很幸福，简单难能可贵，简单的人最终不简单，最终成就非凡。简单看起来简单，但简单并不简单。生活中这样的例子比比皆是，有的人把物质和金钱看得太重，欲望很难得到满足，胃口会越来越大，于是心上总是压着一块欲望的巨石，经年负累，根本无法释怀、无法轻松。工作中，明明是很简单的小事，一个人不需多长时间就能做好的事，非要故弄玄虚、兴师动众。结果自然是，害人害己，损害事业，坑害国家。人为地把它不简单了，就无法简单起来。简单了，快乐就会不期而至，幸福必然来敲门。有首歌叫《快乐是个什么东西》："它就在我的朋友那里，它就在五光和十色里，它就在圣诞老人那里……"歌词告诉人们的就是一个简单的道理：快乐其实很容易，它就在你的身边，可以轻易得到。就在你的生活中，俯拾皆是。就在你的心里，伸手可及。就在不经意间，就在柴米油盐酱醋茶中，就在点点滴滴里，就在每一时每一刻。前提是必须简单。如是，你才不会被世间的东西左右，你才会全身心地投入工作、激情工作，创造更多非凡，拥有更多辉煌，奉献更多价值！唱一支快乐的歌谣、一支幸福的歌谣、一支不老的歌谣。

柳叶飞絮：

南京军区联勤部政治部副主任李云龙发来短信：心态阳光，激情满满，永不止步。好！驻赣某分部政委李小春：立意深，观点明，很有文采，很有见地，深受教育和启示。愿我们都来做乐活族。祝贺！

给心灵洒一缕阳光

当下节奏紧张，竞争激烈。怎样从容、惬意面对工作生活等，不为这这那那所累呢？当给心灵洒一缕阳光，以平常心面对周遭的一切，心灵如虹、心阔似海。

正视工作。工作是人们赖以生存的基础，起码你得凭良心干，那也是对自己最基本的尊重；再往高里说，就是要以强烈的责任心干，这样你的心灵才不会负累，也才能带着和谐上班，把快乐带回家。智者云：有作为才有地位，有地位更有作为。看重自己并珍惜它，将地位和作为的关系处理好了，你的心灵才能进入良性循环轨道，才能气定神闲，不阳光都很难。有良心又有事业心，那是何等的心灵境界！

正视"同事"。同事泛指与你工作上打交道的所有人。可以说同事是你幸福和快乐的重要缘由。因为人总得工作，而在工作的大部分时间里，你都要与同事共处一隅、一室或间接交道去共度时光。对待"同事"，只要他恪守道德底线，是个有道德的人；只要他守规矩，心无旁骛；只要他待人真诚，投入工作；只要他善良厚道，懂得感恩；只要他身心健康，心里没有什么弯弯绕，就不必求全责备，苛求他或与他过不去。须知，与人过不去就是与己过不去。因为没有人生下来就想混天了日，更没有人生下来就喜欢吹毛求疵。

正视友情。友情是什么？就是光明磊落、坦坦荡荡，以心换心；就是质朴自然，透明纯净；就是无私付出，不求回报；就是阔达大气，头顶蓝天。正视友情，就是要人格平视，低调、谦和，要求别人做到的自己首先模范做到。正视友情，就是心中多装着别人，想自己少些。少一些私利，多一些公心，多一些仁爱之心。切忌，时时处处以自己为圆心，以私利为半径画圆，那样的话，你若想心灵阳光，也就难上加难了。

正视生活。生活是个万花筒，关键看你如何面对，有怎样的生活态度，就会有怎样的生活状态。单身贵族有单身贵族的生活，可以把生活制造得阳光些，也可以寂寞灰冷。感恩生活，她就阳光些，否则就寂寥灰冷。有了家庭后，除了工作之外，锅碗瓢盆是一种生活方式。锅碗瓢盆之外，真的还有很多"可以受用的"：把心放在生活里，一家人冷不丁地出去小撮一顿，解放一下劳动力，"下里巴人"一把；偶尔到大剧院欣赏一下高雅音乐，阳春白雪一回；背上行囊远足去，与名山大川为伍，和自然拥抱对话；陪孩子过家家，逛逛图书馆，写一篇小文自己把玩，到电影院看部大片，约三五好友畅谈等。生活中的"乐子"俯拾皆是，只要你用心对待，惬意快乐总会如影随形。

正视未来。明天和未来听起来很虚空、很遥远，其实不然，它离我们并不远，近得伸手可及，又实实在在。对明天和未来常怀憧憬和希冀，你的心灵就一定很阳光，你的免疫功能也会增强。不阳光，恐惧和茫然就会靠近你，让你举步维艰。北京奥运会冠军，哪个不是脚踏实地、阳光心态的典范啊！有人曾经问世界球王贝利：你的哪一个球踢得最好？球王贝利妙语作答：下一个！好一个"下一个"。心怀明天、心怀未来、心怀憧憬，就有梦想。有梦想，就有希望。揣着希望生活，梦也闪光！心怀憧憬，你的潜能才能最大限度发挥，成功的概率才会更高。其实，追求成功的过程乃至成功之时，快乐和幸福已经不期而至。

给心灵洒一缕阳光，还要懂得感恩，就是"知己知彼"，他能让你心境如水，让阳光有机会洒进心田，种下一棵智慧树！如是，你的心情必是阳光灿烂，春风和煦。给心灵洒一缕阳光，你就是幸福快乐的！

柳叶飞絮：

上海昊霖：一缕阳光润心田，与人为善结善缘，心向善好运伴。

做好你自己

国学大师季羡林在《人生》一文中这样写道：“我劝人们不妨在吃饱了燕窝鱼翅之后，或者在吃糠咽菜之后，或者在卡拉OK、高尔夫之后，问一问自己：你为什么活着？活着难道就是恣睢的享受吗？难道就是为了忍饥受寒吗？问了这些简单的问题之后，会使你头脑清醒一点，会减少一些糊涂。”读罢此文，心头为之一振，到底什么样的人生才算有意义？是啊，人赤条条地来，又赤条条地去，风风雨雨，起起落落，一生经历少有一帆风顺，何其不易！最为关键的是要做好你自己。其实，做好你自己也是挺不易的，做好你自己，你才是幸福快乐的。

做好你自己，就要稍稍抬高些对自己要求的横杆。人不能没有追求，更不能对自己没有要求。因为古往今来没有规矩，不成方圆。没有人自打懂事起就昏昏沉沉，浑浑噩噩、不对自己有要求的。我只是觉得人为了更完美些，为了日臻高尚，还是要抬高些对自己要求的横杆，哪怕稍稍抬高点也好，如是自然会渐渐地完美高尚。抬高要求的横杆，你就会在正确的跑道上越跑越明白，越跑越有质量，越跑目标越明确，越跑越高远。从我做起，从当下做起，这是种社会担当。不断抬高人生的横杆，才能真正负起这种担当。

做好你自己，起码要吾日二省吾身。古人云：吾日三省吾身。我以为今人若能吾日二省吾身即可，咱们可以试着做做。

清晨起床想想，今天到底该做些什么，要有点儿谱，做什么事才更有意义？下班回家或睡前问问自己，这一天到底做了啥？哪些是对的？哪些做错了？有何不妥？还有何需要校正的？决不能在同一块石头上绊倒，更不能在同一个地方摔两次跤。要时不时地用责任和良心这杆秤称一称。这着实有些小难，故二省吾身便罢。一个社会的人需如此，战士更得如是，必须凭党性、凭责任、凭良心干好手中的事，干好身边的事。

做好你自己，平凡而又伟大的事业在等着你呢！做好你自己，还要不被名缰所困，不被利索所缚。做好你自己，干好自己的工作，履好职、尽好责，在其位谋其政，在其位谋好政。每个人的前头，都有平凡而又伟大的事业在等着你！如是，才能进入干事业的良性循环轨道。虽不能伟大，但可以认真的平凡。虽不能辉煌，但可以小有作为。这才是真正地做好自己，才可坦然、坦荡做事。做好自己，便可从容、快乐书写美好人生。做好自己，才能真正做到身心都阳光。

简单生活

近读周恩来总理“要和大伙一样”的故事，不禁肃然起敬。1972年8月，周总理到庐山参加党的九届二中全会，服务员带周总理和邓颖超去小餐厅吃饭时，周总理问：你们在哪吃饭。服务员说：我们都在大厅。周总理笑着说：你们让我们两人孤零零地在小餐厅，那我们可要有意见啦！说着也和邓颖超来到大餐厅。服务员端上菜，总理看到比别的桌上多了4盘，马上叫人撤下多的，并叮嘱以后要和大家一样，还特别交代，他们年纪大了，一餐吃不了多少菜，剩下的不要倒掉，下餐再热着吃。他走进下榻的宾馆，见客厅里摆着水果、香烟，马上对服务员说：怎么用公家的钱摆这些东西？服务员说是会议统一安排的。总理当即吩咐秘书，将水果送给服务员，将香烟退回会务处。

周总理平民化的简单生活,令人感动不已,崇敬万分。堂堂大国总理,对自己生活要求如此简单,如此低调,堪为楷模。是啊,作为一名党员干部,我们多么需要好好学习周恩来等老一辈革命家那种认真做事、低调处世、简单生活的优良作风啊!

人是要有点精神的。这也让笔者想到了袁隆平的"农民情结",以及心里始终装着患者的南京军区总医院"平民院士"黎介寿的"平民做派"。努力工作,简单生活;享受工作,享受生活。多享受艰苦奋斗,少享受安逸舒适。多享受事业带来的乐趣,少一些生活上的欲望,少盘算些生活上的"小九九"。

至简至美。简单之处有大美,简单之处见境界,简单之处得精神。简单见平凡,小事显境界。高怀见至理,和气得天真。简单是能力,简单是水平。在小节上管住自己,扼住欲望的源头就能守住道德的底线。简单是战胜欲望后的超然,是抛却名缰利索后的从容,是领悟生活真谛后的宁静。"简单"不容易,这是人性弱点使然。市场经济强调利益,各种诱惑太多,外面的世界很精彩,精彩得让人很难抵挡。是啊,物质文化生活水平不断提升,适当改善生活本无可厚非,但适当的"度"有时很难把握。人在不经意时会落俗,因为脱俗着实不易。一些人会在不知不觉中落俗,当下人们面对的是利益、权力、女色等种种诱惑的"枝枝蔓蔓",心中有太多的纷纷扰扰。故而,简单更显得重要,简单更加难能可贵。有的人觉得条件好了不能"亏待自己",吃讲高档,穿讲名牌,住讲究豪华气派;有的单位在做接待工作时,以超标准为荣,甚至认为不这样就显得不热情。有的人眼睛老盯着别人,看别人进步快了,就闷闷不乐;看别人住房比自己档次高,心里就不平衡;看别人办事出手比自己阔绰,就心生自卑。整天生活在这样的"东张西望"里,生活就简单不起来。

"简单"也不难,关键看你有什么样的人生观、事业观、生活观。一个人能不能简单生活,归根到底看他追求什么。事业上的心思重一点，生活的欲望适当一点。生活上简单一些，工作上多努力一点。享受奋斗的快乐，体会工作的乐趣，人就会丰富精神追求，看淡物质享受，崇尚简单质朴。俗话说：家有金山银山，一日不过三餐。家有房屋万间，安寝不过三尺之床。欲之有度，就好比单位的"坐骑"，它只是个代步工具罢了，不要一味地比"排量"、比豪华、比档次、比阔绰，那真的没有多少"实际的伟大意义"。正可谓，生活本简单，庸人自扰之。如是考量，就会泰然许多，轻松许多，就会放下许多舍不得的东西。

生活上知足常乐，工作上知不足而不断进步。心底无私天宽地阔。生活上知足才是真正的富有，刻意追求物欲的满足，则是精神的穷光蛋。有的人活得太累，一小半源于生存的环境，一大半源于无端的攀比。劝君莫为生活所累，还是简单生活好！

柳叶飞絮：

北京空军某部夏卫华发来短信：寻常日子有滋味，简单生活品位高。世界在我们心里，心有多大世界就有多大，为灵动的心欢呼吧！为葛老师的朝气喝彩。

放飞生命的自由人

央视三套综艺频道《回声嘹亮》栏目推出一位特殊的歌手——"冬泳抗癌明星"赵金玉，今年 71 岁，14 年前因乳腺癌住进医院手术。医生告诉她，来日不多，手术后，最多只能活半年。赵金玉听后，如雷轰顶，人一下子懵住了，半晌缓不过神来。孩子劝她，没事的，一定要挺住！她的天像塌了下来，经过激烈的思想斗争，经过一段时间的精神折磨，终于释怀：管不了那么多了，随他去，多活一天赚一天。她横下一条心，要与癌魔一决高下，一定要掐死癌细胞。

打那以后，她再也不过生日，只过手术纪念日，每逢7月24日手术纪念日，她就让老伴给她煮一碗长寿面吃。她一改往日作派，乐观阔达，平素总是笑口常开，坚持唱歌、跳舞健身，尤其迷上了冬泳。在央视舞台上，主持人问起她冬泳的感受，赵金玉仍沉浸在无限快乐和美妙享受之中。她洋溢着灿烂的笑容惬意答道：“冬泳简直妙不可言，游完泳后，人浑身舒坦，手脚灵活多了，气色也倍好”。她在冬泳中享受健身带给她的乐趣。一晃长寿面吃了14年，她仍活得好好的，她觉得生活十分美好，日子越过越甜。

在央视《回声嘹亮》舞台上，她用优美的歌喉演唱了自编的冬泳歌曲《我的健康从哪里来》，自信潇洒地用真情诠释了《潇洒走一回》，让在场的所有人动容感佩，我也禁不住流下了眼泪。她还和歌手刘和刚深情演绎了《祝酒歌》。赵金玉之所以能战胜病魔，靠的是乐观、阔达和阳光心态，靠的是超凡的毅力、坚守和昂扬精神。她笑对病魔，笑对死神，笑对生命，做放飞生命的自由人，把命运牢牢掌握在自己手中。埋怨、伤心、消极悲观于疾病无益，牢骚、无助、想不开于事无补。唯一能做、该做的就是，好好活、开心活、主动活，做自己的主人，做自己的主宰。如是，还有什么趟不过的河，还有什么过不去的坎！

其实，人的一生有很多未知、难知、难测的事，不如意者十之八九。想拥有快乐，只有到苦难中寻找。人无远虑，必有近忧。塞翁失马，焉知非福。人生要有些拂逆的遭遇才好，苦难有时是一笔宝贵的精神财富。赵金玉用行动，给我们做出了最好的诠释，因为她能从容面对生活中的不如意，笑对人生，潇洒走一回。她的非凡举止，在媒体报道后，震撼鼓舞了全国亿万受众。从赵金玉的故事中，我们应该获得有益的启示：快乐、阳光、健康、坚守、自信，就没有克服不了的困难。

通讯班"好收成"

我的老部队在727野战医院，我被分在通信班，全班10个兵，除秦班长和我外，其余都是女兵。8位女兵分别来自福州、南昌、九江等城市的干部家庭，整天像小鸟似的，叽叽喳喳。在她们那，稀奇古怪的零食像个永远挖不完的富矿，变着花样整，对我这个农村孩子来说真是受用，许多零食都是第一次吃。青橄榄、苏打饼干、虾油方便面、大白兔奶糖、果脯肉脯、鱼皮花生等，不光没见过吃过，连听说都是头一回，这让不少我的同年男兵羡慕得够呛。

那时部队伙食费很低，靠挖地种菜，自给自足。医院驻地是农村，空余地特别多，且都是些干硬且不肥沃的红土地。医院的日子并不殷实，院领导号召全院官兵工作之余大搞农副业生产。我们班也分到了几块菜地，种菜的重活、累活、脏活自然落到我和班长身上。女兵们甚是娇贵，我和班长打一开始就没指望她们干太多活计。其实我们是来保家卫国的，又不是来种地种菜的。

盛夏的一天正午，天气热得让人烦躁不安。班长到上级机关出公差要到下午才回来，烈日当空，我在菜地里挥汗如雨，脸被太阳晒得通红，浑身冒油，我的几个同年女兵们却站在田边树荫下。她们不干活不打紧，那个养的白净白净，很少走出"闺房"同年兵小周，带头冲着我笑，还跟其他几个女兵嘀嘀咕咕说着风凉话。

真是气不打一处来，劳累气恼让本来就心情不好的我冲着几位女兵发起火来："人家干得那么辛苦，你们居然在一边笑！这菜地是咱全班的又不是我一个人的，凭什么让我一个人干！"说罢，我拂袖而去。女兵们被我的无名之火弄得许久没回过神来。

此事很快不胫而走。傍晚宿舍的电话骤然响起，是秦班长打来的，他约我晚上到医院的一棵大榕树下聊聊。

那一夜，微风轻拂，群星闪烁，月上枝头。我如约向那棵大榕树走去，远远地就看见班长。

“小葛，自打你入伍以来，我们还没有好好谈过心呢。知道我为什么叫你来吗？”班长很是亲切，语调和缓地打开了话匣子。

明亮的月光下，我隐约能看见班长的眼神，从他的眼神里我隐约能猜出班长找我谈心的端倪来。我强作镇静，等着班长的数落。

“噢，是这样。这些天我出公差，咱们都各忙各的，虽在一个班，在一起的时间并不多，除了忙工作还要搞农副业生产，这些天肯定把你累坏了吧。”

“累身子骨真倒没啥，劳神累心就不好玩了！”我的心咯噔一下子。

“是啊，年轻人忙些、累些、苦些不是坏事，这叫磨砺，没什么不好，有这种经历也算是一笔财富。最近是不是心情不太好，能跟我说说吗？”

“班长，说心里话，当兵是我自愿的，吃苦的准备我也有，我也吃得起这苦，虽然我是一柔弱书生，但新兵连我跟莆田兵搭档上山扛石条修水渠，一对一地巅峰对决，那么累都挺过来了。在班长骨干集训队，我抢扫把、站夜岗、去帮厨，我怕过啥，咱班的那些女兵……她们一点活儿也不干，还袖手旁观笑话咱。”

“她们分内活儿不干不说，还在一边笑我埋头干活的。”

“原来如此！听说你父亲是抗日战争的功臣，参加过孟良崮、淮海战役等许多战役，打过数不清的仗，立过多次战功，至今还脸朝黄土背朝天。比起他老人家，我们吃这点苦算苦吗？”

“这个理我懂。但女兵不该自以为尊贵，莫说男女平等，还得讲点人格平等吧！”

“她们怎么会呢，虽说妇女能顶半边天，可这体力活不是她们的强项啊，再说干活也累不倒咱们，咱们男子汉怎能跟女兵计较！你没发现她们比刚入伍时也进步多了，她们从小可都是娇生惯养。”

这是入伍后第一次有人跟我谈心，班长的话句句敲击我的心扉，我的心开始有些释然了。

翌日，我早早地走向办公室，远远就听到班长的声音：“同志们，今天把你们几个集中起来主要是交交心，咱们都是好战友，在一起是个缘分，要珍惜。不管遇到什么事，大家应该风雨同舟，同甘共苦。咱班的菜地是大家的，种菜人人有责，你们应该干些力所能及的事，大家说对不对？”

“班长，我们知道怎么做了！”女兵们异口同声。

“这就对了。大家知道，咱班就数小葛文化底子厚实，我们应该多给他一些时间，鼓励他考军校。”听到这儿，我的眼泪在眼眶里直打转。心生诧异：只有初中文化的班长怎会讲出这般深奥的道理。我鼓起勇气、硬着头皮走进办公室，女兵们唰地站了起来，掌声随之响起。我倒觉得自己一下子矮了好多。

从此，我就像换了个人似的，与女兵们的关系融洽起来。考上了军校，入了党、立了功、提了干。由于屡屡调动，精简整编，与班长和女战友们很快失去了联系，听说老班长退伍回了山东老家，女战友们也天各一方，有的当上了领导，有的做起了老板，还有的到香港定了居。

20多年过去了，全班只有我一人仍在军旅。每每回首与通信班女兵们战斗的岁月，常会无端地笑自己当初的年少痴狂和不谙世事，笑自己的愚傻和任性，真是青春“不解风情”。但更多的是留恋那段青春美妙、激情燃烧的日子。

没有那段经历，就不会有今天的我。心有阳光，心存感恩，快乐便会由心而生。生命里有了很多遇见，才有了阳光雨露，才有了充盈和富有。

柳叶飞絮：

101医院李辉发来短信：曾经的过往值得珍惜，生命的心路历程就是巨额精神财富，向终将逝去的青春致敬。挺你！

生命畅思

转眼年末，又是一冬。岁月如水，生命如歌。时光如电逝，生命如逆旅。在这个初冬的早晨，漫步在湖畔，行走在田畴垄上，静听自然的声音，会偷得怎样一丝闲适？不为都市的灯红酒绿所诱，不为喧闹的世界左右，心若晨阳，心若柔风。

想不为生活所累，想跳出“三尺界外”，想特立独行，想真实简单，就要放下一些东西，哪怕是稍稍放下一些也好。放下就会轻松快乐，心静自然惬意。正如一首歌唱的：心若在，梦就在。

生命如此之伟大，生命如此之厚重，生命如此之了不起，生命如此之不易，生命如此之辉煌，生命如此之有弹性，有时又会变得脆弱和无奈。如是，我们该有怎样的生命态度？用什么样的心态和视角面对生命、看待生命、审视生命、诠释生命、充盈生命、放大生命呢？

每个生命个体都是一个过程，简简单单，又随随意意。每个人的生命都是一道风景。在生命的长河中，每个人都是匆匆路人。人人都沉浸在这个过程中，人人都拥有和享受这个过程，在意着这个过程，感受着这个过程，品味着这个过程。复杂也好，简单也罢。快乐也好，伤心也罢。阳光也好，阴暗也罢。高贵也好，卑微也罢。辉煌也好，平淡也罢。高雅也好，低俗也罢。伟大也好，平凡也罢。成功也好，失败也罢。健康也好，疾病也罢。峰巅也好，谷底也罢。全都是一个过程，十分简单。尽管生命无常，人生多变，有诸多不如意，但我们可以把握自己工作和生活态度。心态积极，成就一生。心态灰冷，一生暗淡窘迫。如果复杂了，不是因为生活，而是因为你的内心。

生命如匆匆过客。毛泽东说过："一万年太久，只争朝夕"。每个人都在体悟生命，你终会获得何种人生感悟？怎样的人生快乐？怎样的人生收成？这是绝对由你的生活态度决定的。欲望的大厦筑得越高，满足感和幸福指数就越低。把身外之物看得太重，心里就会越失衡，失望就越大。

设若，你能真的在意着你的不在意。不在意那些个所谓的地位、权利、利益、功名；不在意那些个无谓的攀比、所谓的面子；不在意那些个鸡毛蒜皮，那些个蝇头小利……少一些恶意的妒忌，少些个捣捣鼓鼓，少些个横挑鼻子竖挑眼，少些个病态之心。阳光些，阔达些。那么，你将得到怎样的人生质量和厚度？不知有没有人做过这样的测算，如有可以断言，幸福必来敲门，你的幸福和快乐指数一定倍高。

据有关资料显示，世界上幸福指数最高的国家，不是美、日、英、法、德等发达国家，而是一个普通小国。幸福指数与财富多寡没有必然联系。中国达人秀亚军——菜花甜妈是个推着小车卖菜的普通农村大妈，她把卖菜之余唱歌当作最快乐的事，每天都阳光灿烂。那个进入人民大会堂跳街舞的广西小伙子卓君，在家里菜地里情不自禁地跳街舞，视为大乐，凭着执著和热爱夺得冠军。李晓钰以传播党的创新理论为乐，身在兵中，兵在心中，把兵带得呱呱叫；吴孟超院士以为万千患者送去健康为乐；李素芝以征服高原病为乐；雷锋以每天坚持做好事，为人民服务为乐。

快乐和幸福深蕴在生活中，它就在你身边，俯拾皆是，就看你有没有发现快乐的眼睛，有没有感悟快乐的心灵，对快乐的看法、对幸福的理解和追求是什么？快乐和幸福的标准是什么？

过分的欲望和一味地攀比是幸福和快乐的天敌。俗话说，欲壑难填。稍不留神，欲望的种子就会潜滋暗长，这是人性的弱点。如果想快乐，就要坚决扼住欲望的咽喉，降低物欲。一味的攀比，是累的根源。如果选择了攀比，疲惫将会伴随你的一生。境随心转，乐观阔达时眼中都是美好的景致，消极郁闷时可能见着的都是丑陋和不堪。

诚然，合理正常的欲望是任何社会都倡导的，是人类社会进步的助推剂。但不健康和过分的欲望，是社会的绊脚石，伤身伤神又伤心。健康阳光的攀比，可以比出动力，比出干劲，比出激情，比出心态，比出境地，比出志气，比出精神，比出潜能，比出状态，比出文明，比出和谐，比出进步，比出快乐，比出幸福。

生活多美妙，庸人自扰之。生命多美好，愿君多拣拾生活的碎片，悉心将它串成精美的生命项链，愿君多拾掇生命的金黄，让它绽放出璀璨耀眼的生命光辉！真正在意着你的在意，不在意着你的不在意。享受美妙的生活，感受美好人生！

智者云，当别人什么都比你强时，你和他比什么呢？那就比内心的灿烂吧！如是，你的生命即是快乐的。因为，乐在心，赢在心！

让我们放飞梦想，放飞生命，追求卓越，追求生活，追求生命的极致，给生命添一抹亮色吧！

柳叶飞絮：

南京军区联勤部新闻干事潘正军：生命真实，情义无价。真实地活，快乐地长，便是人生好时节，活着真好！真实的活着是生命的最高境地。

才子朱有华：“其实快乐很简单”，欢笑；和知心朋友共进美食；拥抱；太阳照在脸上的感觉；读一本好书；沿着海滩散步；盖干净的床单入睡；看日落……

雪舞的日子

2009年12月27日12时33分，上海飘下了入冬以来第一场雪。

这雪下的有点意思，先是雨夹着雪沫零星点点。继而，雪花漫天飞舞，越下越大。绒绒软软，甚是可可爱爱，曼妙地飞舞，像电影中的慢镜头，有些“漫不经心”，又显得有些无序，无拘无束，自由恣肆地飞着。

稀、奇、妙、白，眼瞅着都令人兴奋，端地生出许多浮想来。这罕有的雪，在上海显得特别珍贵。

棉絮般的雪花儿，这些年在上海已绝少见到，雪的记忆大都在儿时。那时，只要天空飘起雪花，鲜有不大的。想念下雪的日子。思绪便随着眼前这雪花儿飘飞着。

孩提时，瞅着越积越厚的白雪，我总会缠着母亲教我、陪我卷雪被(也叫滚雪球)，雪球越滚越大，越滚越壮观。记得有一回，母亲指着硕大的雪球告诉少不更事的我:“你看这雪越下越大，雪球儿也越滚越大，他是怎么滚大的，你看仔细了没有？起初滚雪球的‘底子’，不过是巴掌窝窝头般大的小团团儿，只要你有恒心，认真用心滚，准能滚出一座山来。其实，做任何事都跟这滚雪球一样，有了恒心和认真，一准能成功!”

童年滚雪球的故事很简单，可道理却深蕴其中，教益恒久远，至今难忘。

儿时盼着下雪，还有一个幸福快乐的原因：堆雪人、打雪仗。我们家兄弟姊妹有6个，雪花飞舞的日子，即是疯狂热闹快乐之时，姐姐哥哥不用干农活，我们做完作业就能跟着哥哥姐姐冲到院落雪地中，酣畅淋漓地打上一番雪仗。哥哥姐姐这个时候变成了我和弟弟们“欺负”的对象。平时咱不敢，这个时候例外，特殊情况时哥哥姐姐还护着我们呢！父母亲约定俗成般，到了雪天像是给我们自由般，放飞我们。

院落的雪地上伸展不开拳脚，我们就冲向家门口的开阔地，不打得精疲力竭，小脸小手通红，不会收兵，姐姐哥哥自然是让我们得胜回朝。接下来，就是比堆雪人儿。大姐手巧，堆的雪人又高又俊俏。哥哥是学武术的，他堆的雪人五大三粗，特别彪悍，虎虎生威。二姐的手也比较巧，堆出来的雪人很可人。三弟手笨眼拙，经常是前功尽弃，即便堆出来也是颇为丑陋。四弟性急，还没完工就来炫耀。我的雪人儿，还凑合，但没有太多创意。比赛的结果，没有悬念，大姐第一，哥哥第二，二姐第三。我和三弟、四弟总是拿不到名次。虽然如此，也不扫兴，仍乐此不疲，堆雪人如上瘾般快乐无比。

堆雪人儿之于我们是冬季雪天最快乐的日子，我的童年如雪般纯净，如雪般洁白美丽，如雪花般自由惬意地舞动，想念那些下雪的日子……

在飘雪的日子，父母亲也乐得，不用费神多管我们，让我们在他们纯粹温暖的怀抱中，尽情地与自然融为一体，一任"野生"般的我等放养在自然之中，回归到纤尘不染的阡陌之上。

童年的那些个雪天丝毫不觉得冷，那些个雪天在父母亲姐姐哥哥爱的包裹下很暖很暖。想念下雪的日子，想念童年的时光。

那些雪舞的日子真好！

柳叶飞絮：

老师程关生：天地白茫茫，江山裹银妆。游子思故里，冒雪探爹娘。寒假归途远，桑梓情意长。冬隐春初立，又逢好时光。

写下一地心情：最美人间四月天

林徽因笔下的四月，美得令人神往，美得让人沉醉，美得令人想入非非，美得无以言说，美得鲜嫩娇媚。

四月非比寻常。四月是一年中的春天，四月是飞扬的月份，四月是春天最好的季节，是春天中的春天，是一年中弥足珍贵的月份。四月是温润的，连空气都会说话。四月是特别的，只要你用心，时时刻刻都能听到大自然的声音。四月，一切都在舞动，一切都富有韵律。

四月如初恋般美好。初恋是曼妙短暂的，稍纵即逝。只要你珍惜她，她会为你写下一地心情，写下一季浪漫。只要你珍惜她，就会衍生出酽酽的情愫，就会飞扬出青春的旋律。

四月引得人赞美。美丽的四月天，文人骚客自然不会吝啬笔墨。苏轼形象诙谐地写道："竹外桃花两三枝，春江水暖鸭先知。蒌蒿满地芦芽短，正是河豚欲上时。"白居易感叹："人间四月芳菲尽，山寺桃花始盛开。长恨春归无觅处，不知转入此中来。"韩愈云："天街小雨润如酥，草色遥看近却无。最是一年春好处，绝胜烟柳满皇都。"崔护用浪漫的笔触写到："去年今日此门中，人面桃花相映红。人面不知何处去，桃花依旧笑春风。"杜甫的比喻更是形象："迟日江山丽，春风花草香。泥融飞燕子，沙暖睡鸳鸯。"叶绍翁畅曰："春色满园关不住，一枝红杏出墙来。"杜牧在他的《江南春》中吟咏到："千里莺啼绿映红，水村山郭酒旗风。南朝四百八十寺，多少楼台烟雨中。"文人墨客高歌吟唱，把四月诠释得淋漓尽致，或感性，或直白，或隐喻，或直抒，或高歌，或形象，或写意，或亢奋，或诙谐，或随意，或大气，或浪漫，或激情，或大俗，或淡雅。总之，美不胜收，美不可支，美得令人怦然心动。

四月之于我们，风浓雨浓春意浓，风浓雨浓情更浓。这正是，一年之计在于春，一日之计在于晨。还等甚？赶紧卯足劲儿，甩开臂膀昂首阔步大步流星向前奔！

人间最美四月天，不负春光和时行。

林徽因写得好："我说你是人间的四月天；笑响点亮了四面风；轻灵在春的光艳中交舞着变。你是四月早天里的云烟，黄昏吹着风的软，星子在无意中闪，细雨点洒在花前。那轻，那娉婷，你是，鲜妍。百花的冠冕你戴着，你是天真，庄严，你是夜夜的月圆。雪化后那片鹅黄，你像；新鲜初放芽的绿，你是；柔嫩喜悦，水光浮动着你梦中期待的白莲。你是一树一树的花开，是燕在梁间呢喃，——你是爱，是暖，是希望，你是人间的四月天！”

四月是一首歌，四月是一幅画，四月是一首诗，四月是一道写意的精神“栏栅”！

美哉——四月，美哉——人生的春天！美哉——飞扬的生命，美哉——如歌的四月天！

讀書篇

梅开数度俏枝头，低调平实写春秋。

心有高心雁高飞，傲雪斗霜可自强。

——子言

腹有诗书气自华，书中自有黄金屋。读书，可以养心富脑。读书便是善待自己。读书可以阔眼界，升境界。选择了读书就是选择了跋涉，选择了读书就是选择了攀登，选择了读书就是选择了进步。

读书可以充盈。读书接地气，读书如同呼吸新鲜空气。读书永远不晚。读书可以浪漫，可以欢愉，可以禅定，可以简单。读书好，读好书，书读好，思想才能熠熠生辉。读书可以静心，增加生命的厚度。读书可以闲适，可以激情。读有用的书便是飞扬思想，放飞生命。

书中自有颜如玉。读书可以美容，读书妙不可言。读好书如初见，如初恋。读好书的感觉像春天。读好书，面朝大海，春暖花开。惜时如金，抓紧读好书，便是人生好时节，梦想离你就不远了。

读书如同呼吸新鲜空气

书永远是人类的精神朋友。读书就如同跟历史对话，穿越古今。读书就如同神交古人，超越时空。读书又若与名人对话，让心灵靠近大师。读书又如同和伟人讨教，无需靠近，便可悟其思想、揣其灵魂。读书又如同走出国门，身虽未至，心已达矣。读书之妙妙不可言，妙何如哉？新鲜空气之于人是何等重要，读书就好比呼吸新鲜空气，这里指的书当然是积极健康向上的书。

读书，首要的是把她当成身边常备之“珍物”。欲好好读书，必须做到案边常备，伸手可及，信手拈来。书之于人，就是一生的精神养料，须臾不可离之。读书，会让你充盈、惬意，会让你愉悦激情、豪情满怀，会让你茅塞顿开、豁然开朗，会让你享受美妙、沉醉其中，此谓读书之乐。身边有书，如同靠近自然，亲近自然，拥抱自然，新鲜蹦出来，让你的全身都能呼吸到这种养料。书会让你随意恣肆，放飞激情。有书在，身边就多了一个又一个精神朋友。有书在，就不会寂寞。有书在，便有精彩在，便有人生的万千气象在。有书在，便有大视野、大思想、高格调，袖里藏乾坤。

读书，须把她当成能做即做之事。读书之事，当做且做，不过夜，不敷衍，不拖沓，想到即做，立竿见影。晨起，想好了今天要看什么书？工余，想想怎么把闲暇时间利用好而不空耗虚度？睡前，再问一问今天读书了么？有什么收获和感悟？必须做到，今天的书今天读，能读的书马上读，重要的书优先读，深奥的书有选择的读，复杂的书梳理读、系统读。让读书真正成为一种优秀习惯，让爱读书成为一种优秀品质。读书要赶紧做、抓紧做，等不得，也等不起。伟人毛泽东说过："饭可以一日不吃，觉可以一日不睡，书不可以一日不读。"他把读书看得比吃饭睡觉还要重要，足见读书之重！

读书如同呼吸新鲜空气，呵之若兰。众所周知，新鲜空气对人体健康有利，呼吸新鲜空气如处深山丛林之中，精微物质——负离子会自然呼吸到人体内部，天地之精华会随之吸纳，滋润孕养五脏六腑，人会神清气爽，倍感精神。读书如同呼吸新鲜空气，浩如烟海的书籍要有选择地读，读健康有益的好书，还要会读、善读、精读，读得畅然，读得酣畅淋漓，读得痛快，读得精到。因为人的精力有限，要融会贯通读，读精品，会提炼，会提升。日臻"读之，呵之若兰"之境地。莫言说过："有一个办法可以让你们找到那片净土，那就是读一些好书。"读一些好书，应当成为我们的追求。

好好读好书，做精神上的巨人。"身无半亩，心忧天下，读破万卷，神交古人。"这是怎样的读书境界，读书提升品位，读书提高层次，提升境界。欲做精神巨人，必认认真真用心读书，知行统一。做事先做人，做官先做人，做官做人统一起来。必须从读书中来，从读书中得。读书强修养，读书知"大道"。大道知音，闲耕雅乐。每年的 4 月 23 日为"世界读书日"，那是提醒和倡导人们不要忘了读书。要想成为精神巨人，仅靠一个读书节是远远不够的，真希望天天都是读书节，大家天天都来读书。街头巷尾、床头案边、公园路边、林间桥头、地铁上、公交车里，处处都是读书人，时时皆闻读书声。更希望读书从校园教室波及政府、企业、军营，波及方方面面，希望军营处处皆闻读书声、处处都是书香萦绕的好氛围。青年官兵们，希望你们都来读书。书永远是我们的好朋友。

柳叶飞絮：

宁波港航军代处主任陈志刚：读书如同呼吸新鲜空气，呵之若兰。喜欢！

读书作伴好远行

中央倡导把学习作为一种精神追求，着力发展文化建设。文化从何而来，必须从学习中来，从学习中蓄积。学习长知识，读书长气力。学习站得高，读书行得远。

随着人们所生活水平的不断提升，食疗、营养学越来越为人们津津乐道，讲究营养健康成了社会进步的重要标志。由此想到，读书、学习、汲取知识之于每个人的重要，读书作伴好远行。国家主席习近平曾在中央党校一次专题研讨班上督促官员要真真切切做回读书人。好读书、读好书、读书好，应当成为一种社会风尚。不仅少时要读书，青壮年要读书，老年人也要读书，读书应当成为人们一生必修的课题。

读书滋养人生。读书如同阳光雨露之于植物，通过光合作用补充所需养料。读书一如人体里的钙质，必须足够充分，方能健康成长。古往今来，爱读书的例子不胜枚举：颜回以学为乐。著名戏剧大师曹禺古稀之年念念不忘创作优秀特别、深蕴社会责任和时代气息的作品。文学大师巴金耄耋之年仍醉心于新知，在公开发表的曹、巴两位大师的通信中，除了感情沟通、彼此问候、关切身体外，更多的是论学习、聊创作，显见两位老人怀揣责任，读书学习的紧迫感和急切之情。此等人生可谓辉煌光鲜。他们深谙读书滋养人生的奥妙。"书中自有黄金屋，书中自有颜如玉"。读书不仅使你的眼界开阔，更让你的人生健康阳光营养均衡、温润玲珑亮丽滋润。读书当成为人们须臾不可离的寻常事、日常事，就好比一日三餐、柴米油盐，终生伴随。读书如同"地气"，只有常接知识的地气，才能让人生这棵参天大树葱茏茂盛。读书获取营养的渠道很多很多，社会的、自然的、专业的、历史的、地理的、文学的、生活的、音乐的、天文的、艺术的，只要是健康积极的都成，这样才能广泛涉猎、广泛获取大营养，做一个既精于一、又博于多的人。

读书充盈人生。"腹有诗书气自华"。读书会使你的人生变得更有厚度，绽放曼妙的美丽。伟人毛泽东堪称终身读书学习的光辉典范，他一生到底读了多少书，没有人能够真正说得清楚，可能连他老人家自己也不一定说得清楚。临终前在医生抢救下，他还读了 7 分钟的《容斋随笔》。他"好好学习，天天向上"的语录，被人们广为传播。他的一生可谓富有、充盈、壮丽、伟大而又轰轰烈烈。又有谁不仰慕崇敬膜拜追随呢！读书是他成就一切的源泉、营养和力量。中央政治局集体带头读书学习，引领国人读书学习风尚，开一代新风。读书获取知识，知识辅以智慧，给了人们无尽的力量。读书须臾不可缺，须臾不能懈怠。文学大师钱钟书博闻强识、博览群书、博采众长、博学多才，生命可谓光彩照人，他就像蜂蜜采蜜般执著于学习和知识。西汉时期的匡衡凿壁偷光，小时候家境贫寒，为了读书学习，他凿通了邻居家的墙，借着偷来一缕烛光读书，最终学有所成。汉元帝时，由大司马、车骑将军史高推荐，被封郎中，迁博士，成了一个特别有学问的人。"书籍是屹立在时间的汪洋大海中的灯塔。"只有认真读书、好好读书，才能校正人生航向，不偏离航线，你的人生才能真正健康充盈。

读书改变人生。保尔·柯察金式的“钢铁战士”张海迪，命运之神给她关上一扇门，同时也为她打开一扇窗，靠顽强的毅力勤奋读书，成就了自己的文学梦想，她给自己的生命增添了浓重的一笔，给她的人生平添了盎然生机和希望。“钢铁作家”史铁生同样如此，他坚信“人生没有单行道，自古华山径无双”。读书创作几乎成了他生命的全部，让他的内心无比灿烂。他的精神也感染和熏陶着更多人揣着希望生活，许多人的生命因此有了万千气象。华罗庚小学毕业，凭着后天的读书学习，成了声震寰宇的大数学家。杨澜因刻苦读书学习，由一名普通大学生成了当今传媒界的领军人物。而读书学习又非易事，需要用宵衣旰食的过人毅力和韧劲。一个小时、两个小时读书并不难，难的是每天坚持，常年坚持，日积月累，用滚雪球的精神坚持。如是，必能读有所获，还你一个精彩人生。

读书决定人生。孔子学而不厌，成就非凡。孟子随母择邻而读书，学有所成。“书籍是人类进步的阶梯。”高尔基把读书看得比生命还重要。要想一点点进步，读书是最佳渠道，也是必经之途，没有捷径。个人如此，社会亦然。认真读书，潜心读书成就事业，改变命运，决定未来。读书的决心有多大，获取的知识就有多少。学的越多，收获的就越多。“书到用时方恨少，绝知此事要躬行”。唐代大书法家颜真卿用“三更灯火五更鸡”的精神，成了名噪千秋的大书法家。朱熹在《训学斋规》云：“读书有三到，谓心到、眼到、口到。三到之中，心到最急，心既到矣，眼口岂不到乎？”读书须身到心至。晋代南平人车胤，家里一贫如洗，为了成就未来，他扑下身子读书，“家贫不常得油，夏月则练囊盛数十萤火以照书，以夜继日焉。”车胤囊萤夜读的故事，被传为美谈，激励着一代又一代的读书人。

知识作伴人年轻，读书作伴好远行。挤出点时间，好好读读书吧！再忙也别忘了，摒弃浮躁之心，沉下心来，平心静气地读读书。因为知识可以为未来铺路，知识可以为未来之途缀满鲜艳的精神花朵，让你尽情地徜徉在知识的百花园中。这样，你的人生才愈发美丽！

思想者走得远

在马拉松或中长跑比赛中，凡居首者皆称领跑者。然而，领跑打头又是何其难矣。要想始终保持头雁翱翔的态势，更非易事。做思想的领跑者，就若体育赛事中的领跑。

做思想的领跑者，走得远。思想领跑就是在理念、思路、思维方式、理论武装和哲学思考等方面跑在最前头，这是顶层和高端的引领，是“埃及金字塔塔尖”和“珠穆朗玛峰”式的思想“导航”，乃智者之大手笔、大制作、大超越。在竞争激烈的当下，在全球经济一体化的今天，要实现中华民族的伟大复兴，做思想的领跑者是何等光荣、可贵和重要！

学得先、学在前，方能走得远。行者无疆，思想者走得远，身未至，心已远。心到，则身至矣。“以德治国，文化治国。”“小胜靠智，大胜靠德。”古来有之。智也好，德也成，文化也罢。何来之？靠的是知识和思想的蓄积。当下是知识爆炸、书海泛舟的时代。如，科学发展观的学习实践活动，就要先人一步学，光系统地学还不够，要有计划、有重点，先急后缓学，科学地学，沉下心来学，跳出来学。用得着的要学，暂时用不着的也要学，积蓄力量，厚积薄发。还要跟着形势学，因势而学，勤学之，恶补之。触类旁通学，机智灵活学。书山有路勤为径，学海无涯苦作舟。学习永无止境，探寻永无止境。必须活到老、学到老、改造到老，这样才能精神不长毛，思想不生锈，思想才能永远年轻，永放光芒。

学的先才能思得深，思得深方能悟得透。学然后思，思再会思，思深之，深悟之，悟透之。要有近代大学者王国维在《人间词话》中写到的，做大学问必须经过三境界："昨夜西风凋碧树，独上高楼望尽天涯路，此为第一境界；衣带渐宽终不悔，为伊消得人憔悴，此为第二境界。众里寻他千百度，蓦然回首，那人却在灯火阑珊处，此为第三境界。"成大事做大学问者，必须站在高处，锁定目标，忍受孤独，苦苦探寻，执著求索，才能最终获得成功。苦身体不易，苦脑子更难。不经一番思想的寒彻苦，谈何领跑？要想思得深、悟得透，就要有头悬梁、锥刺股的劲道，方能苦尽甘来，风雨过后见彩虹，进入思想的完美境地。

恒为之，方能有资格领跑。恒，就是要有韧劲。恒，就是一种痴迷练达。恒，就是罕有的坚守。学、思、悟均要恒为之。如，党的创新理论、哲学、经济学、金融、地理和历史知识的学习，要养成好习惯、遵循客观规律，给自己定个流程和时间节点，为了更好地落实，给自己套个紧箍咒，用雷锋的"钉子"精神学，不放过点滴时间。像儿时笔者在鲁南农村看到的榨豆油的榨油机那样，你使多大劲挤轧，黄豆油就能出得有多欢，偷懒是万万出不了油的。每天学什么，几时学什么，学多少，都要定下日志，定下时限。因为工作和应酬之故"欠账"的，要尽快补。中央政治局领导都是日理万机的国家领导人再忙都不忘定期组织集体学习，层次高、频率高、涉猎范围甚广。主动为之，水滴石穿，集腋成裘，聚沙成塔，涓涓细流汇大海。如是，方能成为思想上的巨人和行动上的大家，才能拥有思想领跑的资格证。

会用之，方能真领跑。思想是行动的先导，理论是实践的"航标灯"。再伟大、再高深莫测的理论，如果不付诸实践、指导实践，也是空洞无用、毫无意义的。知识是力量，思想也是力量，思想是一个人的精神营养，有思想、有知识就能攒足后劲，长足力气，才能日臻脚力尽时山色好的境界。有了知识的武装，有了思想和创新理论的武装，就能领跑，领跑思想，领跑实践。我们正在做的事需要思想的领跑，贯彻落实科学发展观、构建和谐社会、各行各业都需要思想的领跑，富国强军、实现中华民族的伟大复兴，更需要这样的思想领跑者。

当然，做思想的领跑者，不是号召大家都来领跑，这是一种要求，领跑的同时还需要更多的思想跟跑者。领跑是科学发展观要求的，跟跑也是科学发展观题中应有之义，属于哪一级该干的事、什么层面所为就该错落有致，有领跑、有跟跑，思想跟的好、跟的紧，全面建设就会上新台阶。单位全面建设需要领跑，方方面面的工作需要跟跑。末端的落实需要领跑，更需要跟跑。有了这种领跑和跟跑，中国梦为期不远矣！

在《后勤》的引领下跃升

一个阳光灿烂的上午，《后勤》杂志副主编毛俊福的电话飘然而至：“我们《后勤》杂志创刊 60 周年，《后勤学术》创刊 55 周年，想约你写篇纪念文章，邀请函已经寄出，你看如何?”接到这个电话，百感交集，纷纷思绪涌上心头。

自打被《后勤》聘为特约通讯员起，每期都能如期收到。现在尽管离开了军区机关，离开了宣传岗位，继续享受这份温暖的待遇，让远离北京的我，跟杂志社仍如亲人一般没有任何距离感。在当下物质利益渐趋盛行，市场成分日趋多样芜杂的当下，《后勤》的这份精神馈赠无疑是弥足珍贵的。

我与《后勤》的缘分由来已久，那份情愫如冰山上的雪莲般圣洁，至今珍藏在心图。

那是 1992 年元旦，我从南京军区航务军代处来到《解放军报》长征副刊学习，闲暇在军报资料室看到了毛主席题写的遒劲有力、潇洒奔放的《后勤》杂志。一向酷爱书法的我本就对毛主席的书法顶礼膜拜，再者自己是“后勤人”，《后勤》是“后勤人”自己的“圣地”，自然心生几份欢喜。信手打开，伴随着淡淡的油墨香，亲切感便悄然爬上心头。不读不知，她正是为我们后勤部队

"量身定做"的，只要得闲便到资料室亲近她、学习她。

在首都北京学习的半年是快乐充盈的，我在中央人民广播电台、《解放军报》、《中国青年报》等媒体刊用新闻、文学作品70余篇。学成归来，就被南京军区后勤部政治部宣传处新闻干事窦芒直接调到处里再学习新闻报道。在窦干事悉心指导下，开始学着给《后勤》写稿子。清晰记得，当时我们后勤部队把在《后勤》上刊登作品视为莫大的荣耀。前不久乔迁新居，整理藏书，看着一本本泛黄的《后勤》杂志，看着熟悉的作者和老战友的名字，还有自己的小文，温馨之感袭来，曾经熟稔的一幕幕在眼前浮现，那份感受是别人无法体悟的。

我给《后勤》投递稿件，十分幸运地屡屡得到杂志社编辑老师的无私关怀和指导。我和刘编辑虽未谋面，但他对我的文章尽心尽力地提意见，逐字逐句地帮助修改，在他的鼓励教导下，不仅刊发了作品，写作兴趣浓了，水平也日臻提高。同时也得到《后勤》好几位未曾谋面的编辑老师的关爱帮助，现在想来心里还暖洋洋的。

2000年4月，我被南京军区联勤部政治部时任处长经盛志选调到宣传处负责新闻宣传工作，新闻半径大了、舞台更宽广了。我倍加珍惜这次难得的机遇，一方面抓新闻骨干队伍建设，一方面组织新闻骨干队伍给《后勤》写稿，并将《后勤》用稿列入统计范围，作为联勤部新闻报道先进单位和个人评选的依据。

2001年10月，有幸被《后勤》邀请参加特约通讯员培训班，还让我在集训班上交流写作体会。这次集训着实大开眼界，不仅交流感情，更交流写作心得。收获最大的是，得到很多专家老师面对面、手把手的传帮带教，怎样写通讯、如何驾驭经验材料、会议报道怎么搞、学术研究怎样谋篇布局、如何逻辑思维、要给学术研究插上文学的翅膀等，可以说是拨亮心灯，增强自信，架起友谊桥梁。沈阳军区联勤部司令部研究室研究员李国选，结合自身实际、结合工作撰写稿件的现身说法，实用、管用，受到培训特约通讯员的广泛欢迎。这次集训，间接地接了地气，充盈地吸了精神之氧，富脑养身，有人揶揄：“记了一本子，装了一脑子，够用一辈子。”众人拥趸，然也！

在《后勤》的呵护下，思维层次得到提升，人生境界得到升华。我努力地学习着、快乐着，看沿路的风景，新闻、文学及信息写作水平也有了不小长进，作品近百次获《解放军报》、《人民前线》和“海峡之声广播台”等媒体举办的征文比赛一、二、三等奖，各类证书100多本，荣立二、三等功4次。在军区联勤部负责新闻宣传工作那些年，几乎年年被《后勤》评为优秀特约通讯员，有文章获奖。近十篇建设性的意见和建议被新华社内参、国内动态清样和《解放军报》内参刊用。与他人合作的散文式通讯——《浩然正气撼匡庐》获全军军兵种报纸好新闻一等奖，并被作为散文式通讯收入《军事新闻类文字写作范本》一书。2005年12月，《一位战地记者的心路文集》——《让快乐在阳光下绽放》、新闻作品集——《和着绿色一起曼舞》一书与读者见面，压根没想到自己会出书，更没想到自己的书会出现在北京、上海、杭州、合肥、福州等地的新华书店里。还获得“十一五”期间全军军交运输学术研究成果优秀奖。撰写的言论，2010年、2011年连续两年被《解放军报》思想论坛评为年度优秀文章。

曾经十分艳羡《后勤》的编辑老师，甚至梦想当一名《后勤》杂志编辑，那些激情直到现在还时常涌动。要感谢《后勤》给了我飞扬青春的心态，对文字、对报刊曾经的神往和迷醉，这是我一生的财富。

在我的心里，《后勤》无疑是我军发展壮大的助推器、播种机，她作为后勤部队重要的思想高地、经验平台，第一时间亮明军队后勤重大观点观念、交流思想、传播经验、鼓舞士气、提振精神，为后勤建设做出了不可磨灭的贡献，她见证了我军后勤发展壮大史，每个“后勤人”都不会忘记，也不该忘记。

在她60岁生日之际，在她成熟壮美的年岁里，在她已经出落得非常俊美之时，希望她锦上添花，期待她能围绕军委主题主线战略思想，继续传递后勤的重大方略，让全军后勤官兵第一时间倾听到总部的声音，接收正能量；希望她和时而行，多刊发一些既有我军后勤的大智慧和前瞻引领，又有发达军事强国后勤的先进思想、先进理念，相互交融，走在世界军事强国前列的崇论宏议；多开设后勤之星、后勤点将台、后勤烽火台、后勤大擂台等专栏，宣扬全军后勤有重大贡献的卓越人才、对后勤建设有贡献的人和事；开展一些诸如"我为后勤献妙计"、"后勤争先"、"后勤亮剑"、"潮涌后勤"、"信息主导在后勤"、"保障魔方"等征文比赛等，总之希望用多种形式、创新手段，把《后勤》办好，让后勤官兵喜闻乐见，更对我军后勤建设加力助推，为全面建设现代化后勤插上腾飞翅膀。期待她有更多精彩，让我们携起手来共同打造美丽《后勤》、魅力《后勤》。

岁月如歌，生命如水，行者无疆。60 岁之于《后勤》，正是如花盛艳的好年景，深信她在世界新军事变革中能够头雁引领，在世界军事浪潮中破浪前行。

风物长宜放眼量。其实，有着光荣历史的《后勤》正承载使命，注定要激情远征，续写新的更大的辉煌。

俊福副主编嘱我写点与《后勤》之间的点点滴滴，是对我的器重和信任，于是诚惶诚恐地写下上面这些文字，贻笑大方了。《后勤》永在心里，我与《后勤》同行。是她的引领和招引，让我在新闻之路上越走越扎实，越走越高远。是她的帮助和搀扶，我这个"后勤人"才越来越硬朗，才真懂后勤、喜爱后勤、干好后勤。没有她的培养，就不会有我的今天。没有她的呵护，就不会有我现在的小辉煌。没有编辑老师的关爱教诲，就不会有我如今的文字成就。无论我在哪里，她总在我心底。无论身处何方，她与我形影不离。《后勤》，我心中一曲不老的歌谣！《后勤》，我心底一架不老的琴！

耳畔忽然响起王菲的《传奇》来，我要对《后勤》发自心底地吟哦：

只因为在人群中多看了你一眼，
再也没能忘掉你的容颜。
梦想着偶然能有一天再相见，
从此我开始孤单地思念。
想你时你在天边，
想你时你在眼前。
想你时你在脑海，
想你时你在心田……

缘重《人民前线》

小草吐绿，柳枝发芽。岁月轮回，春去春来。

翻开书柜中泛黄的剪贴本，尘封的记忆就这样随之开启。粗粗算来，我与《人民前线》结缘（从发表第一篇作品算起）已有21年，21年仿佛就是一瞬间，可这却是我生命长河中最青春、最激情、最勃发的岁月。这些年《人民前线》给了我太多太多：知识、智慧、荣耀、充盈、友谊、温暖、快乐、阳光、事业、辉煌、亢奋、善良、大气、品质、心态等，可以说是缘重《人民前线》，情重《人民前线》。

因为，这些年我与《人民前线》有着太多个第一。是啊，人生有许多个难忘的第一，许多个第一让人终生难忘。

我的第一个“豆腐块”

时光追溯到1987年，军校毕业后，我被分到位于漳州的第175医院任休养员食堂司务长兼电影组放映员，余暇还负责医院广播室采编播的活计。

10月的一天，听说口腔科医生叶延荣等使用“上下颌神经一针穿刺注射法”获得成功，一针穿刺安全快捷，减少了患者的痛苦，而以往给患者穿刺至少要3至4针。于是我一路小跑赶去采访，电话请教《人民前线》张庆林秘书，他在电话里指点我消息如何构思、如何立意、如何行文，我连夜写稿，恭恭敬敬地用方格纸誊好，次日寄给张秘书。21日，《人民前线》就在一版刊用，看到弥漫着油墨香的铅字，看着自己的名字第一次出现在《人民前线》上，甭提有多亢奋，心狂跳不已，那份神圣至今仍驻心首。虽然这个“豆腐块”大小的处女作，连标题加标点符号也才100字，对我影响甚大，不能说一发不可收，但我的新闻写作热情和信心陡增。直至今天我仍珍惜这个来之不易的第一次，感谢《人民前线》给了我这珍贵的第一次，没有了这个第一次也许我根本就不会走上新闻之路。感谢许许多多像张庆林秘书这样热忱关心我的每位“前线人”。

感谢“小草”

上世纪八十年代，《人民前线》有个专版叫《青年·育才》，她的责任编辑是白铁平，我还清晰记得专版上的《成才光荣榜》、《战士身边长镜头》、《青年心事录》、《青年休养漫谈》等几个专栏，但我更喜欢不太起眼的一个小栏目——《小草之歌》（这个栏目后来又出现在《战士之友》版），她的栏头和正文都是黑体字，可爱的“小草之歌”4个字正好镶嵌在两个“●”符号里，很惹人喜爱，报纸拿到手我一眼就能瞅到她。于是，我试着给她写稿。

忘不了1989年6月11日，我的第一首小草之歌“闪亮登场”了：小道消息是登不了大雅之堂的，它是小人使用的常规武器，只能生长在见不得人的龌龊的空间里（是应当时的形势写的）。就是这么一句话，将我的哲思和言论的兴趣提了上来，打那以后我在这个专版上发了好几个“小草”。如今，当初入新闻门的战友们和我交流新闻写作经验时，我都会谈及这段经历，没什么好遮掩害羞的，我就是从这一句话一路走来的。虽然还算不上辉煌，但一棵棵小草可以透出森林的壮美，涓涓细流可以汇聚成波澜壮阔的大江大河。

“东线”引领

因为有着文学的爱好，尤爱散文随笔、散文诗、言论和报告文学，《人民前线》的“东线”副刊自然成了我热捧的版面。

真正认识“东线”是从陈光明编辑开始的。因为我和漳州《闽南日报》的黄和泉编辑很熟，他和陈编辑都是原福州军区《前线报》的好战友，通过他的介绍我认识了陈光明。1991 年 3 月，我写了一篇散文诗《仙人掌》，寄给了陈编辑，15 日这篇不到 300 字的散文诗，就在陈编辑的关心下在“东线”副刊发表，激发了我的文学喜好的潜能。记得南非前总统曼德拉说过：“我们最怕的不是看不到自己的不足，而是看不到自身不可估量的潜能。”打那以后，拙作频频在“东线”亮相。后来“东线”副刊的责任编辑蔡培中、现在的责任编辑乔晖自然成了我交流比较多的编辑。在“东线”的引领下，我成了《解放军报》“长征”副刊的作者之一，偶尔也会走上《中国青年报》、《中国妇女报》的副刊。散文随笔集《让快乐在阳光下绽放》也于 2005 年出版(浙江文艺出版社)。感谢“东线”，让我在文学的森林里成长。

渐 入 佳 境

万丈高楼平地起，高楼大厦起于垒土，在《人民前线》这个特殊的阵地上，我长知识、长见识、长力气，伴着她成长进步，充盈着、快乐着。在这个阵地上，我收获着。

在《人民前线》的悉心呵护下，我与他人合作采写宣传的庐山疗养院胡训名烈士，174 医院的医生梁萌，85 医院心理学博士刘素珍，福州总医院朱忠勇，“兄弟院士”黎介寿和黎磊石，中国工程院院士刘志红，某分部党委勤政廉政“一班人”等典型的先进事迹，“福州总医院为部队服务、为战斗力服务”，“航务军交一体化保障”，“聚焦战略心理防护”，“医德医风的经验”，“抗击非典、抗洪、海训、175 医院抢救空军灭火英雄”，“抢救南京汤山‘9·14’中毒群众”，“抢救淮安‘3·29’氯气中毒群众”，“军区驰援江西抢修电网部队等重大军事行动和公共突发事件，这些事迹的专题报道在《人民前线》刊发后，在军区引起了较大反响，有的还受到军区首长关注批示。我用“典型精神”写“典型”，也在宣传典型中学习典型，汲取他们的精神营养。

从这里我走上了新华社、《人民日报》、中央人民广播电台、中央电视台、《光明日报》、《农民日报》、中国新闻社等中央各大媒体，从这里我获得了荣誉。

从这里我收获了《人民前线》、《解放军报》、《中国国防报》、《光明日报》、《中国妇女报》等媒体的 100 多个头版头条，部分言论和论文被《解放军报》、《政工导刊》、《后勤》、《国防交通》和中共中央党校等媒体刊物刊用。今年以来，言论《创新每天都是新起点》、《找准发力点》、《你准备好了吗》在《解放军报》、《人民前线》发表。撰写的《试论用哲学思维创新，“引领”国防和军队建设发展》获中央党校在职研究生优秀论文。前不久，参加军区驰援江西抢修电网部队宣传报道，被军区表彰为“抗雪救灾先进个人”。

文学大师冰心说过，我只知道，生活是美好的，理想是伟大的，爱情是不朽的，工作是快乐的，无论何时何地，我都会拿出感恩的心情，找个理由与生活干杯！桃花潭水深千尺，不及“前线”恩情重。“前线”着实是我快乐的缘由。因为她除了锻炼了我较好驾驭新闻写作的能力，同时还提高了我较好驾驭内部文字材料、散文随笔、言论和研究类文章的能力，培养了我敏锐的文字嗅觉力，她教会我坚守，使我的人生更精彩。我要真诚地说一声：谢谢您——《人民前线》！谢谢您，衷心地谢谢您！

生活亦是“师”

国学大师季羡林年纪很大还在潜心研究东方文学。有个领导问他：“您这么大的年纪研究东方文学有何用?”季老回答：“世界上很多学问并非立刻有用的，但却是你应该知道的，知道很重要！”

在中央电视台“百家讲坛”讲述清史的纪连海，谈及今日之成就便坦言，小时候特喜欢看历史书籍，甚至到了迷醉的境地，当时学习也不知道有何用，更不会想到能拥有今天的成就。

“书到用时方恨少”，读万卷书，才能“下笔如有神”。季羡林和纪连海都是知识积累积淀的典范，每个人都需要充电，尤其是搞创作的，更需要知识的积累，生活阅历的积累，把生活当成老师，这样才有观察问题的资本和眼界，也才能创作出自然流畅的好作品来。亦即，留心处处皆文章，关键就看你有没有发现的眼睛。

原木、粗缆、老桅杆，古铜主色，远远望去酷似中世纪英国古海盗帆船的“船长1号”游船，就这么静静地泊在黄浦江畔。但因为拥有“浦江第一艘西式仿古游船”的另类特色，它注定能吸引众人的眼球。尽管许多人乍一看都认为像海盗船，但其仿制对象其实是18世纪欧亚间的贸易船，别称“短衬衫”……

古韵、大海，神秘的航海，同样刺激着企业的营销灵感——让你与“船长1号”互动：你可以登上最上层的阳光甲板，在露天酒吧尽兴；或者把玩一下老式车钟，学打水手结；甚至可以看测星仪，试试如何看天上的星座。

这是刊发在《解放日报》头版显著位置颇受读者好评的一篇

新闻作品的开头和结尾，这篇题为《“短衬衫”舞起来，西式仿古游船亮相浦江》的消息，据说是一位曾经当过航海员的记者所写。明眼人一看便知，记者写这艘船，写得很地道、很专业，没有点专业知识和经历，是很难为之，很难写得这般精彩、这般流畅、这般优美的。

文学作品“功在诗外”，来源于生活，又高于生活。之前热播的《甄嬛传》，角色之间的对白就颇受观众追捧，其主要原因就是对白相当有文化、诗意、历史感、哲思等。欣赏之余，你会获得很多，得到很多。创作不是在采撷生活的一线，便在创作的路上，这个“路上”就是生活的积淀，就是勤奋读书学习。天道酬勤，没有积淀积累，没有人生阅历，要想写出好的作品是很难的，更谈不上厚积薄发。

伟人毛泽东去世前 10 个小时，尽管不能言语，还用手势示意让身边工作人员给他读有关知识。他的理论著述数量份数超过两万份，字数超过 2 000 万字。其中军事理论有 5 000 多件，字数近 600 万字。著名的《论持久战》5 万多字，他一周就完成了。速度极其惊人，著作量之大、之丰，思想内容之科学前无古人，也难有后来者。

政治家、革命家、军事家、思想家——毛泽东何以如此？学习学习再学习，积累积累再积累，留心生活，留心周遭的一切，他酷爱调查研究，向书本学，向战争学，向历史学，向群众学，向国外学，向战友学，无论枪林弹雨，还是和平年代，读书学习成了一生的主旋律。正是因为辛勤专注的学习积累，独特的眼界，超人的智慧，他的著作和思想才光芒四射，流传千古，他的人格魅力才光彩照人。

创作不能仅仅盯着上一两篇文章，弄个“豆腐块”了事，上个头版头条万岁，自我感觉好得很。创作首先讲的是责任担当，实事求是地写，写出有价值、有意义、富有时代特色、弘扬主旋律的好作品，应当成为每个新闻人、文学人的追求。因而，要扑下身子学，增强写作的底气。否则，不可能写出好作品。

有“墨皇”、“书圣”之称的书法家王羲之，唐太宗对他十分佩服，称“心慕手追，此人而已”。王羲之有名的作品《兰亭序》，28行300字，“之”字最多，无一相同。他的字体不重复，一字一体，一字数体。一笔一画，一横一竖，绝无重复。此境界来自刻苦的修炼磨砺，来自他的字外之功。

散文家鲍尔吉·原野讲述过这样一则故事：有一位非洲的酋长去英伦三岛观光，回来后，别人问那里的情形怎样？酋长想了想回答：“那里的人都说英语，连小孩子也在说。”酋长说得并没错，他所注意的只是这些。

有一次，哲学大师池田大佐问汤因比：“如果您可以选择出生时间地点，您怎么选？”汤因比回答，“如果时光可以倒流，他愿意在公元元年出生在欧亚大陆的交汇点。”那是古埃及文明、欧洲文明在这一区域汇聚并扩散到全球，亲历其间，可以准确地观察到各种文明形态对世界的影响。汤因比不愧是大师，眼界超越古今，凝聚与历史的苍茫之处。这就是眼界，这就是思想，这就是非同寻常，这就是大师与常人的不同。

诗人余光中说过，“一切艺术创作，都必须具备3个条件：第一个就是知识，当然要懂得一些东西；第二个是经验，必须体会人生，经历过这件事情；第三个重要的因素就是想象。我在诗中怀乡，我在诗中唤醒古典背景，我在诗中向李白说话，向苏东坡诉说我的心情。”功在诗外，功在生活，功在感悟，功在积累，功在留心，在他身上诠释得淋漓尽致。

郭沫若说过，“科学靠幻想，文学靠想象。”要想创作出好的作品来，必须真知真谑，必须体悟经历，有想象的底气，有高端的思想，才能心有万千气象。

“鸷鸟累百，不如一鹗。千人之诺诺，不如一人之谔谔。”“功夫在诗外”有实实在在的内容，需要苦其心志，劳其筋骨，倾情倾心，去实践探索，修炼好文外之功，潜心向生活学习，才能创作出

“不如一人谔谔”之作品。潜心追求，潜心努力，必将收获蔚蓝，赢得满园春色来。

左宗棠23岁时在门口贴的一副对联可以成为创作积淀阅历追求的境界：“身无半亩，心忧天下；读破万卷，神交古人”。创作非易事，必须花大气力，付出常人想象不到的艰辛，付出常人无法理解的寂寞，用坚守执著而为之，创作永远在路上！

柳叶飞絮：

《司务长》杂志编辑王璐：主编在此文终审时，签上“好文”俩字，这也是我假期读到的最好的稿子了，这个假期伴着“悦”读的好心情，一定倍有意义。感谢赐稿！ 王军：留心处处皆好文，我们要有一颗好奇的心和发现的眼睛。备受启悟。

感恩篇

得天独厚拥山水，人与自然本一体。

传递温暖可收成，学会感恩幸福伴。

——子言

情谊若河，生生不息。情谊若雨，润泽身心。情谊如酒，历久弥香。情谊不老，律动青春。情谊赛金，弥足珍贵。必须懂得珍惜，珍惜亲情，珍惜友情，珍惜罕有的缘分。

呵护亲情友情，得善报。珍惜亲情友情，才能众志成城。懂珍惜，堡垒必固。懂珍惜，能量嬗变。在心头播下爱的种子，就能收获无尽的正能量。战士任何时候都不能忘记亲情友情。

珍惜亲情友情，就是懂得感恩。心怀感恩德自高，心怀感恩大回报，心向善好运伴。战士当怀感恩心，踏平坎坷走坦途。感恩真好，感恩万岁！

慈爱的父母

走进同一片阳光

游子思乡，游子思归，游子念家。尽管久居国际大都市上海，国庆长假，终究没能挡住悠悠乡情的诱惑，加之对父母亲如丝如缕的牵挂，国庆假期还是携妻子女儿踏上回沂蒙老区不长不短的路途。这是恒久的期待，这是久违的回归！

到达家乡已近晚饭时分，一派迷人的田园景致扑入眼帘：农舍毗邻，炊烟袅袅，杨树摇曳，玉米金黄。路边黄豆棵上结满饱满的豆角角，鼓囊着就要涨开来。翠绿丛中红得鲜嫩的辣椒格外惹眼。乡风轻拂，白果飘香。一群群闹猛的鸟儿在枝头嬉戏，不知疲倦，轮番起劲地唱歌，仿佛欢迎我这一身风尘的游子归来。儿时熟悉的地气端地从脚下浮起，心驿神荡起来，一种叫温暖的东西从心底弥漫开来。抑或，这就是我屡屡回故乡而流连忘返的魅力所在。

佝偻着身子、满脸沧桑的双亲，早已等候在村口那座老窑旁，刹那间，激动写在父母亲、妻子女儿和我的脸上，旅途的劳累瞬间消失殆尽。父亲百般疼爱地摸着女儿的头，母亲赶紧抓着女儿的小手，嘘寒问暖，关切唠叨，仿佛有千言万语，一下子要急于表达。踏进家门，一股菜饭香味早已飘飞过来，直袭味觉。父亲备好了我们喜欢吃的"农家乐"：爆炒草鸡、黄豆干烤鱼、辣椒炒鸡蛋、尖椒黄豆芽儿、豆角凉拌韭菜花、大葱小鱼干儿、鲜萝卜豆儿、粉浆、煎饼、凉拌茄子等等，这些都是父亲亲手"土制"的家庭菜，再高级的饭店也是绝对比不上的盛宴。

这般美味佳肴，妻子、女儿和我自然是狼吞虎咽地品味着，不夸张地说这是我吃到最美味的菜。父亲见自己的菜如此受拥泵，满足地点上一支烟，脸上露出很有成就的笑容来。他不紧不慢地打开了话匣子（我知道父亲的保留节目要上演了）："好久没给你们讲故事了，你们吃你们的，我说我的，都不耽误！"父亲是抗战的功臣，参加过无数次大小战斗，立过好多次战功，自打记事起，父亲就常给我讲他亲历的战争故事。春天在麦田里，夏天在瓜棚下，秋天在庭院中，冬天在火炉旁讲，那是再熟悉不过的景象，我们听得入迷，他讲得更起劲。听故事，在父亲的臂弯里睡着是常事，父亲却乐此不疲。

女儿回老家少，听父亲讲故事的机会不多，操着浓重乡音的父亲自然不会放过这难得的时机，也想在孙女面前"显摆"一下。他讲起了，他当文书时跟随团长的一次战斗，那是一次与敌人的正面遭遇战，尽管敌我悬殊，最后全歼敌人，父亲荣立了赫赫战功。女儿入神地看着父亲，不停地点头，虽然她才上初中，想必已经能明了父亲故事的含义。

讲亲历的战争故事是每次回故乡父亲必备的节目。故事讲过，父亲知道我们喜欢田园风光，就带我们到田畴里，这次也不例外。翌日清晨，我们迎着朝阳，走在阡陌纵横的乡村小路上，大大小小的土狗虽不熟悉，但会凑到你的近前，跟你亲近。蟋蟀低吟，小鸡悠闲地踱步。满目绿色，满目金黄。远离都会，远离物欲权力，踩着挂满露珠的幽幽小草，沐浴乡风，倾听乡音，亲近乡情，亲近自然，嗅着泥土的芬芳，谛听自然的声音，心情格外畅快。人在自然中，自然在心中，人与自然融为一体，洗涤心灵，给灵魂吸氧，畅快通透，好一曲丰富精彩的田园秋歌。农家门前，堆满黄豆、玉米等，到了夜晚也不见哪家收进屋子，这里的民风淳朴可见一斑。一位老大娘席坐地上，总是固定着一两个动作，满足地搓着玉米，享受着丰收带来的喜悦，平淡平凡，真实神圣。这是故乡的给予，更是父亲的精心安排。如此“奢侈”的待遇，如此丰盛的“精神”盛宴，让久居都市的我等，来不及细细品味、慢慢消化。我思忖着，一定好好咀嚼品味，好好珍惜，好好受用。

在故乡的时间紧而又紧，短短的几天，父亲不忘带着我们走亲串户，联络感情，把维系亲情的那根无形的“亲情链”拉得很长很长，把中华民族那份古老的美好传统延续延展延伸。这就是我的父亲，老实憨厚，朴质纯粹，他给了我原生态的爱，教我原生态地做人。

17 岁那年，我“克隆”父亲穿上戎装，与父亲走进同一片阳光。今天，尽管离开故乡，以一个也算是老兵的身份在大都市奋斗，但任怎么走也还是走不出父亲的视线，怎么走也走不出父亲的情海，怎么走也走不出父亲的牵挂，怎么走也走不出父亲的叮咛，怎么走也走不出父亲的手心，怎么走也走不出父亲的臂弯，怎么走也走不出父亲的影子，怎么走也走不出父亲的光辉，怎么走也走不出父亲的阳光。

我与父亲永远在同一片阳光下。

祝福父亲，祝福故乡！

柳叶飞絮：

此文被中学生作文网选入高考语文模拟试卷后，朋友纷纷发来祝贺短信。北京的王忠戏言：恭贺您！我回头在北京广而告之，组织大家深入学习，并开展“克友杯”读书、评书活动和“葛老师引领我成长”实践活动，月底前各单位上报思想反映。85 医院沈玉美：文气如人，才气盖名。

《解放军报》副总编辑李选清短信：祝贺！笔耕不辍，必有大成。作家王维：可喜。明年一定参加高考。《解放军报》林飞编辑：恭喜老哥，此等荣誉，非常人所能为也。诚挚替你高兴。赵铭：为你自豪，为你骄傲，有兄如你，善莫大焉。老领导姜国禹：祝贺克友实现了自己的又一个愿望！我认为，这只是你在文化领域里的又一有影响的成果，你的文化底蕴很深厚，如有时间又专门从事这项工作，你的前途将不可限量。

孝字当头人安然

生命中有些日子总是让人难忘，有些甚至是刻骨铭心。

2007年一月下旬的一天，在南京工作的我忽然接到母亲从上海打来的电话，从她老人家慌张迟疑纷乱的语气中，我似乎感觉到了什么。果不其然，是父亲身体不适，平素还算硬朗的父亲不知怎地，突然莫名地头晕、站立不稳。

我知道，父亲没有多少物欲追求，没有多少生活上的讲究，十分俭朴，向来不苛求这这那那，极易满足。母亲告诉我，奶奶常说父亲好养活，他向来粗茶淡饭。

在我的童年，父亲心中装的始终是我们和母亲，有好吃的好穿的，先满足我们小字辈。那个年代物质相当匮乏，匮乏的有些不可思议。一是没钱，二是即便你万一有点钱也很难买到东西。购物凭票，买东西找关系排队，想吃到猪肉有时也是难上加难。囊中羞涩，经济拮据是普遍现象。

父亲是家中的顶梁柱。每到吃饭时分，我们“风卷残云”享受美味佳肴(那个年代的东西似乎特别好吃)后，父亲只能吃我们的残羹冷炙，经常让自己的肚子受委屈、“唱空城计”，饥一餐饱一顿的对他来说是常事。父亲唯一算是享受、花点小钱的奢侈之举，就是抽点便宜些的土烟，这是他至今仍保留的爱好，那是他十几岁参加抗日战争时学会的，其他的就真的没有什么理由让他自己再花钱的了，因为父亲心中总是揣着我们兄弟姊妹6人。

父亲心里坦然，儿时苦惯了的他，在生活上没有太多欲望和奢求，极易满足。说实在的那个条件也不允许他有什么“非分之想”。父亲的心态比较好，他的身体一向还凑合。

接了母亲的电话，心便惴惴不安起来。放下电话，我赶紧给455医院徐院长打电话，怎么也联系不上。情急之中找到了政治处杨主任，掏心窝子地千交代万叮嘱的：眼下最打紧的是把父亲的病看好，如果病情需要，最好住院观察治疗。末了还不忘特别交代，父母亲生活在农村，没有多少文化，怕给人添麻烦，我不在上海，故请杨主任一定要坚持我的想法。

杨主任善解人意，比我想的周到，办得利索。在她的关心下，父亲在第一时间住进了医院，母亲因为要陪老爸也随之住了进来。

是啊，何谓孝道？孝其实很简单，就是一个小细节——帮父母做点芝麻大点小事。孝是为父母分点小忧、解点小愁。孝有时是自己真正出息了，给父母一个尊严。孝是通过自己的努力，让父母亲平平安安。孝是给老人报喜不报忧，少让父母挂记。孝是生活中的点点滴滴，给父亲捶捶背，给母亲梳个头，给父母亲剪个指甲、洗个脚。孝就是常回家看看，搀扶一下妈妈。孝有时就是给父母逗乐，不光记住自己的生日，更要记住父母的生日。坐下来，陪他们唠唠嗑。是冷不丁听父母亲数落，不惹老人生气。孝就是不让老人寂寞，有时给父母一个惊喜，哪怕是随意的一个微笑。孝是不经意的一个拥抱。孝是跟父母亲的一个又一个小默契，一个又一个心灵感应。孝是一种本能，孝是传统美德，孝是天经地义。孝子、孝女和孝顺是不需要评选的。

关于孝道，古往今来例证太多，有小孝，还有大孝。孝是一种境界，一种能力，一种水平，一种修炼，一种道德，孝是快乐之源。

万事孝为先，百善孝为先。感人心者，莫先乎情。孝要趁早，晚了就来不及了。孝不是挂在嘴边的甜言蜜语，不是在他人面前的显摆和故作姿态，他有实实在在的内容，由心而生。我对孝道尤其在意。

电话这头的我，不知该怎样感谢一个又一个帮我尽孝道的好心人，感动随之盈溢心怀。

父母亲在杨主任的关心下，如期地做着各种检查。我的心也始终悬着，分分秒秒都显得非常漫长。一天下午，我在南京参加完总结表彰大会(因为荣立三等功披红戴花登台领奖)，没带手机，回到办公室便发现有好几个未接来电，是杨主任打来的，不祥之感陡然袭上心头。我立马给杨主任回电，电话中得知缘由，父亲身体检查没有问题，顺便给母亲也做了检查，发现母亲有些异样。检查一遍接着一遍，母亲嗔怪唠叨起来，父亲住院怎么老是查她。结果竟然是母亲身体出了状况，幸亏发现得早!

心胸内科张主任决定，必须尽快做手术。离春节就几天了，必须在节前手术，争取时间，赢得最佳治疗时机，要我赶紧回上海签字才行。

我在第一时间请假、购票、上车，总算赶上当晚最后一班火车。

焦灼劳顿痛楚伴着我，心一直牵挂着母亲的病情，长长的站台，长长的铁轨，漫漫长路，沉闷的铁轨声，周遭的一切都令我不悦，心情降至冰点。一路胡思乱想，一路矛盾，一路压抑，在烦乱纷扰和郁闷中终于抵达医院。

自己虽然难过，但在母亲面前还装得跟没事似的，还得强装笑脸宽慰开导母亲，因为要做手术，得给母亲一些冠冕堂皇的理由。母亲有针对性地检查一项接着一项，转科、准备手术。在如是境况下，我认识了好心人——张主任、柳主任、杨主任等，还有上海知名专家孙主任、张主任。商量论证探讨，专家一致意见，决定手术，并定下日期。

那是个难忘的早晨，那是个锥心的日子：2007 年 2 月 9 日，我揣着忐忑的心签字。七七八八的术前准备，打麻药后，母亲被推进手术室。我在手术室外徘徊，狂乱不安地等待，心情无以言表，心在流泪滴血。当时（主刀专家把手术结果捧出来给我看）的情景实在不忍回忆，不忍再现，心痛楚，痛地无法形容。

母亲被推出手术室，我的心如刀割般，因为那个有说有笑、谈笑风生、很会干针线活的母亲，此刻正躺在推车上处在麻醉和混沌中，脸色苍白，极度羸弱。一个上午、一天我都无法进食，甚至到第二天也没吃东西。在医护人员——吴海波、胡晶、周岚等人关心下，看着母亲渐渐地好起来，我才开始吃东西。徐院长、徐主任给予太多的关心，随着周岚的精心照顾呵护，母亲有了久违的笑声。

现在想来，那段日子是何等煎熬？那段光景是何等难受？真不知怎样捱过来的。

往事不堪回首。感谢那些关爱我母亲的战友们，感谢妙手回春的专家，感谢那些在我困难、痛楚、最需要帮助时伸出援手的人们！是你们的呵护、祈福让我的母亲大人平安。

希望大家都能好好孝敬父母！愿父母亲大人一生平安！愿全天下的父母平安！

我为父亲别奖章

有一年9月的一天，久居上海的父亲，忽然接到老家战友的电话，老家的县委县政府盛邀父亲回去参加次日上午纪念抗日战争胜利60周年纪念大会，年届八旬的老父亲一下子像个孩子似地乐了起来，周身的细胞异常活跃。人特兴奋，原本走起路来有些蹒跚的他，脚底下像生了风似的。

回去的时间特别紧，父亲掐指一算也只有十几个小时，而上海到我老家汽车的路程近十个小时，他自己到上海和平公园附近联系了长途汽车，一个人拎上一只帆布包（这是我当兵时父亲送的）就独自上了路。

我在担心挂怀中睡着囫囵觉，毕竟父亲上了年纪又是一个人独行啊，一路颠簸身体可吃得消？到了县城怎么转车？会否饿着？等等，一大串的牵虑。父亲如期到了县城，尽管长途辗转有些劳顿，倦意还是被后面的活动驱走。因为他见到了当年枪林弹雨中打小日本、生死与共的患难战友，这些老同志一见面就打开了话匣子。他们谈别后的生活，谈彼此的境遇，更谈硝烟弥漫的战争，谈起日本鬼子的残暴行径，仍咬牙切齿，义愤填膺。谈及牺牲的战友，个个伤感至极、潸然泪下……故而，他们十分懂得珍惜今天的幸福生活——平淡真实。可不么，如今的中国国力增强，当年的"东亚病夫"早已傲然屹立于世界民族之林，这可是他们当年梦寐以求的啊！

让父亲激动的是，在这次纪念大会，他获得 1 000 元奖金，这是脸朝黄土背朝天的他平生获得的最高一笔奖金！他想了很久不知怎样支配，要知道这笔"巨资"能买好几袋小麦，够他种很多地的。在父亲眼里，这是一笔不小的数目，尽管在那些腰缠万贯的大款大腕的眼里，这笔钱太九牛一毛，太微不足道，但父亲还是很郑重地把它放好存好。

更让父亲兴奋的是，他在大会上获得一枚，由中共中央总书记、国家主席、中央军委主席胡锦涛题写的"纪念中国人民抗日战争胜利 60 周年"章名，中共中央、国务院、中央军委颁发的纪念奖章，这是隆重颁发给参加过抗日战争的老同志的。父亲逢人便说，不厌其烦地跟我们这些晚辈"炫耀"。虽然战争年代他立过很多战功，但这枚金质奖章绝不亚于他战争年代获得的任何一块军功章的含金量。是啊，这不正是对他过去参加革命的肯定和奖励吗？尽管父亲文化程度不高，尽管他整天与黄土打交道，见的世面并不太多，但他学会了珍惜，懂得了珍惜，今天革命建设成果有他的一份努力，更有牺牲战友的功劳。

听父亲的战友说，奖章拿到手的当耳，父亲专门买了块红绸布，很神圣很小心翼翼地把纪念章包裹了好几层，郑重地带到上海给我和母亲看，也盼望着在南京部队工作的我，能尽快一睹他的荣耀和辉煌，分享他的快乐。

去年11月的一天，我的散文随笔集——《让快乐在阳光下绽放》即将出版，责任编辑、浙江文艺出版社文学部主任鲍娴来电：给你的亲情散文配幅精致的图片，最好是与你父亲的合影照。我打电话给驻沪某部请了摄影师黄冬敏，请了假回到上海的家，把自己二、三等功军功章找出来挂好。父亲早已按捺不住激动，把用红绸布包裹着的纪念章拿出来，那是个14×11厘米见方的盒子，他慢慢地打开红布，从精致的红木盒中取出那枚纪念章：24K镀金的纪念章，正面铸有象征中国共产党领导革命人民大团结的5颗五角星、和平鸽和橄榄枝，革命圣地延安宝塔以及军民抗战胜利的战斗场面。我神圣地接过她，这是枚厚重而又沉甸甸的纪念章，虽然我曾经获得3枚二、三等军功章，但总觉得哪一枚都没有她重。我凑到父亲胸前，在替父亲别奖章时，往事一下子涌上心头，脑子里一下子蹦出许多往事来，儿时在父亲臂弯里听他讲亲历战斗的故事，还有儿时家境的清贫、学业的艰辛……

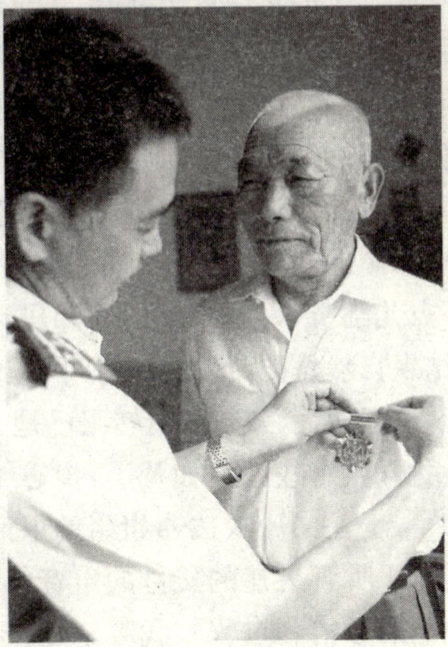

自豪油然而生，我看到父亲脸上分明写着满足，写着充盈，写着富有和神圣。在摄影师的指挥摆弄下，父亲笑了，那笑弯的皱纹特可爱（其实他早已笑在心中），笑得很平静、很快乐、很幸福、很真实、很青春、很投入、很灿烂、很阳光，父亲仿佛又回到了他年轻的岁月，回到了他叱咤风云的战争年代，摄影师赶紧按下快门，将这一瞬间定格，定格成永恒的风景。我和父亲——两代军人被军功章映红了笑脸，父亲笑得像花儿一样。

错过班车

新年的钟声即将敲响，又是一年春节将至，忽然想起了在乡下过惯了的双亲来。有一年春节，在上海住了近十年的父母亲（陪伴妻子女儿）执拗着要回到山东老家乡下过年，一住就是月余，在我的牵虑挂怀中总算盼到了归期，二老想从南京（那时我从上海调到南京，孤身一人在宁，家、妻子女儿仍在上海）中转到上海，顺便看看在南京工作的我，我欣然应允。

那天原定11时到宁的长途汽车，到了12时还没到，父母亲没有也不会用手机，忐忑不安的我情急之中只能给乡下的姐姐打电话询问。姐姐告诉我，她和姐夫一大早就把父母亲送到县城汽车站了，按照惯例这会应该快到了，姐姐一边给我说明情况，一边安慰我不要着急，我听得出其实姐姐自己也有些焦虑。

放下电话，愈加焦虑忧心的我屏声静气地盯着门口，生怕漏掉一丝动静和丁点儿细节，好几次被门前邻居和上下楼的人等声音吸引过去，结果自然是徒劳无益。时间一分一秒地过去，尽管等得饥肠辘辘，但根本无心吃东西，转眼已是14时，左等右盼还是不见人影。我开始有些心急如焚了，担心年纪大又没有文化的二老别走丢了，于是又一次拨通姐姐的电话。就这样愣是苦苦捱到16时，终于听到久违的父母的声音（父母亲根本不知道我焦虑等待他们的心情和过程），我赶紧跑出门去迎接，急不可待地问他们为何迟来那么多时间，母亲似有些歉意地道出了“谜底”。

在郯城县长途汽车站候车时，一位南京大学的女生因为学校开学急着赶车，竟把重要的物品忘在家里，她要赶回家中取，因为行李太多，于是就让母亲帮她照看，瞧着她焦急的样子，母亲答应了。哪知，一等她不来，二等也不来，眼瞅着我们那班车就要开了。父亲很不耐烦地催母亲：再不走咱们那班车要开了，要不干脆让别人带看，咱们走了算了。母亲寻思，这哪成啊。这可是别人对咱们的信任！母亲眼见着汽车从眼前开走，一个多小时过去了，这个大学生还没来，又是一班长途汽车开往南京，父亲不光着急责怪母亲，还嫌母亲多事，母亲却心静如水。

这时，提着一个大行李包，满头是汗的那位大学生在焦急等待中终于出现，她是辗转几种交通工具从她那个小村奔出来的，看着误了母亲那班车，她一脸愧疚，连说对不起。母亲却回答她：“没什么，答应你看行李的就会帮你看好。”在母亲心中，错过班车和承诺相比，她觉得履行承诺更重要。母亲念念有词，其实，碰到这样的事谁都会这样做的！

听了母亲看似有些轻描淡写的叙述，我一下子悟出了些什么来：当今社会诚信是何等重要，承诺是金，中华民族就是个有着悠久历史的诚信民族，这是中华民族的美德。信任比时间更重要。文明靠大家，社会文明和社会公德靠大家共同恪守，构建和谐社会就得从我做起从现在做起，从点滴小事做起。你我文明一小步，社会进步一大步。我也暗自佩服，老人家的境界不低啊！

不知母亲的不经意之举，会给那位大学生的心灵留下点什么？倘若华夏大地每个公民都如是，文明之花会越开越盛艳。

母亲尽管错过了班车，她说：这班车“错”的值！

挚爱的姐姐

这个冬天有点冷

生命是树林间的大树，我们只是穿越树林的风而已。

——鲍尔吉·原野代题记

起风了，冬天来了，微雨伴着寒意。不由得想起我的姐姐——蓝，蓝在兄弟姊妹里排行老三，女性里排行老二，生于上个世纪六十年代。因为兄弟姊妹多，因为家徒四壁，交不起学费，蓝没能读书。

蓝虽未读书，虽然比我稍大些，却比我懂事，能担待，孩提时就跟着父母下地干农活。为了减轻家里的负担，为了解决吃饭问题，为了让我们兄弟几个安心读书，心灵手巧的她，农忙之余还跟村里的小姐妹们学编织手艺，拼着命也只能赚些微薄的“外快”。

算是历史的原因吧，当时物质匮乏，家家生活都很贫穷，加上农村重男轻女思想严重，两个姐姐都没能进学校读书，父母亲至今仍觉愧疚。蓝虽小，却替家里担起了本不属于她这个年龄该挑的重负，种小麦、玉米、棉花，割麦子，砍玉米秸，挖河工，修路等重活粗活抢着干。

后来，我到了鲁南小县城一中读高中，小村到县城 80 多里地要转几次车。为了让我全身心学习，蓝亲自给我送干粮，煎饼是母亲巧手烙的，菜是蓝亲手炒的小咸菜和很咸很咸的辣椒炒小鱼干，放一周都不会坏。母亲烙的煎饼好吃，蓝炒的菜也是相当美味。就为了省几毛钱的车费，蓝执意步行好几里地去有自行车的老乡家借自行车。

有一年冬天特别冷，蓝一大早就要给我送干粮，天空忽然飘起鹅毛大雪，父母劝她等天气好了再说，蓝执意要送，不顾天寒地冻路滑，一个女孩子家在风雪中艰难前行，用了平时两倍多的时间才赶到学校。看着气喘吁吁、满头是汗、“雪人”似的蓝，我的泪水在眼眶里打转。蓝见我面黄肌瘦的，心软的她哭成了泪人。其实，年轻的蓝本应如花般娇艳，因为常年农活，风吹日晒，她看上去比实际年龄要长好几岁，手上的皮肤皲裂，我心里甭提有多难受。临行前，蓝将辛辛苦苦赚来的几块钱硬塞给我。而我有了这些钱，终于有在学校食堂窗口排队买咸菜的资格。因为囊中羞涩，高中期间在食堂排队买咸菜的次数屈指可数。咸菜虽然只有几分钱一份，味道好得让人难忘。我暗下决心，不辜负蓝的期望，一定要把书读好！

高中毕业，一年一度征兵的消息传到学校，想到家里的负担太重，想着找寻改变贫穷命运的机会，我偷偷报名参了军，蓝嫁到一个比我们村还穷的小村。改革开放的春风好不容易吹到我们那片土地，蓝成了她那个村子第一个“吃螃蟹”的人，毅然决然地出去打工。至今我还诧异，她凭什么走出去、为何能走出？在扬州一干就是2年，接着转战南昌，凭着吃苦诚信，手头略有点积蓄，就想着法子回农村盖起了三层楼房，在全村第一个靠打工盖楼的人，此举自然引来邻里乡亲的羡慕和夸赞。

在她的影响下，陆续有人迈出第一步，出去打工。没读过书的她，在那个年代何来这种勇气和胆识？怎么跟人打交道？怎么进货、售货、结算账目？我一直百思不得其解。

随着见识和眼界的开阔，她越来越意识到知识的重要，再忙也不忘教育孩子，并将儿子文和健先后送进军营，在她的教育培养下，儿子在各自岗位上都有尚佳表现，干得风生水起。教育孩子、善待他人、孝敬父母，她用行动诠释什么叫善良、美德、孝道。

有一年春节，母亲在上海做大手术，尽管生意忙得够呛，兄弟姊妹中蓝第一个辗转来到上海，在母亲的病榻前陪了好几天，给病痛中的母亲带来欢乐，医护人员都夸她孝顺，母亲如期出院。

蓝对我的关心常不期而至，电话一接通便嘘寒问暖。日子在平凡平淡中悄然流逝，我们姐弟俩彼此关心关爱着。

去年 9 月 21 日 20 时 40 分，正在西北出差的我，突然接到姐夫的电话：“你二姐做生意时突然摔倒，怕是不行了。”声音哽咽，紧张无助夹杂着无奈。我脑中一片空白，以为姐夫是在开玩笑，半晌没回过神来。前不久，听母亲说一向身体不错的蓝最近直叫辛苦。惶恐悲伤中，我赶紧给姐夫打电话，蓝已被送到南昌二附院急诊室抢救，医生结论：因为摔得太重，突发心肌梗塞。此种情况，最佳抢救时间是 4 分钟之内，有位明星因车祸脑死亡，在北京宣武医院抢救创造了生命奇迹，除外再无报道成功救治的例子。

我赶紧给南昌 94 医院的战友打电话求助，被告知，不要抱有幻想，要做最坏的打算。我选择最快的交通方式辗转到了南昌，在重症监护室见到了朝思暮念的蓝，蓝靠呼吸机维系生命，只有生命体征，没有意识，没有眼神，没有交流。医生劝我们放弃治疗，不要抱任何希望，不可能有生命奇迹发生。我根本无法相信这一现实，那份痛楚无法用言语形容，唯祈求上苍眷顾蓝，但蓝的病情仍在加重。在医生的一再劝说下，我们把蓝接回老家，一路小心呵护，希望上苍在生她养她的故乡把她唤醒，在郯城县医院经过 2 天 1 夜抢救，蓝还是停止了心跳，停在她壮丽的生命年轮，永远离开了我们。我的心跌入万丈深渊，心如刀割，心灵的天空大雨滂沱。

那些阴霾的日子，我慨叹世事无常。我的好姐姐，我的世界怎能没有你。那些日子里，总是不停地想蓝，想着她的好、她的善良、她的孝顺。忘不了那些曾经的过往，跟她撒娇，跟她玩笑，甚至还冷不丁地批评她几句。忘不了，每次我和妻子女儿回故里看父母，蓝总是想办法提前从南昌回老家，买菜、搞卫生、添置新的生活用品，生怕有什么不周。平素她总是充满激情，心里揣着一团火，心里只有别人，唯独没有自己。草根、大气、孝敬，而不失时尚的蓝，总是用心感知感悟生活。18 载南昌打拼，蓝和姐夫累积了不少财富，蓝自己却没来得及享用就撒手人寰。如今，蓝离开一年多了，总觉着她还在，在梦里，在故乡，在南昌，在某个地方为我们祝福。我相信蓝还在，蓝的鼓励还在，蓝的精神还在。蓝没有离开，真的未曾离开，永远在我的记忆里。这个冬天有点冷，这个冬天真的很冷！蓝，天堂的冬天冷么？弟真想给你寄个火炉，帮你驱散这寂寥无情的寒冬。

生命如风。“你的命运一如他人，每个生命都会下雨。”朗费罗的话好像就是写给我的，不知何时是晴日。是啊，孝道和爱要趁早，晚了就来不及了，没做就会留下终生的缺憾。

蓝虽没读书，却像一本一生读不完的大书影响着我。虽然已离去，却像阳光一样温暖我。蓝像一条河，永远随着春风在我的生命中流淌！

柳叶飞絮：

李胜财：淡淡乡愁，深深思念。乡愁是那缕拧不断的情丝，思念是那份姊妹情深的甘甜；蓝姐对弟的爱护叫人动容，弟对姐的思念叫人动情。这个冬天虽有点冷，却让人品读到心热，姐弟情深。

可爱的女儿

女儿教我学单词

周末的一天，在南京的我终于得闲回趟上海的家，最高兴的当然是和刁钻调皮的女儿葛格逗趣(这是我对女儿的昵称)。妻也真会“多事”，突然跟女儿冒一句：霖霖(这是妻对女儿的称呼，俺家好复杂哦)，咱家就是爸爸的英语水平最不咋地哩，你教教爸爸学英语吧！葛格当然超级高兴，拍着小手，一蹦三尺高，不停嚷着：好啊好啊，太好了！

我在想，这个主意还算不赖吧。静下心来细细寻思，年逾不惑的我还折腾这等洋文，能坚持下来么？我知道，学英语，可是需要大毅力的啊！再说了，我的英语水平太蹩脚，高中时底子还凑合，从戎二十多载，中学学的那点"东东"大都还给老师了，近些年的几次英语考试也是"恶补"才勉强过关。

中国加入"世贸"，国门洞开，2008年北京奥运会、2010年上海世博会渐趋临近，我们与世界的距离越来越近了，英语的地位凸显（当然，我们大中国的汉语比以往任何时候都举足轻重，好多国家都开设了中文课，不少国家兴起了汉语热），互联网时代的日趋成熟，信息化时代的悄然逼近，生活在"地球村"里的"公民"们，不会点儿英语恐怕还真不行。

再一开学，女儿就是小学五年级了。虽说，她读的是小学，因为这些年一直坚持参加上海外国语大学英语强化班，发音准确好听。你甭说，她掌握的词汇量还真不少呢！

得！说话算数，答应让女儿教的，就得像个学生的样子，有板有眼，不能充孬，再难也得学。我与女儿商定，只要与她相聚在一起，一天学习20个单词，小家伙乐得开心着呢：爸爸，只要您用心肯学，我一准教会您！还没开始教呢，俨然老道的老师口吻。

不知从哪天起，女儿开始了她的第一课。上课那天，上海的天气酷热难当，女儿却顾不得那许多。她沉浸在做老师的情绪和感觉里，一脸的阳光，一脸的认真。只见她往那一站，小手一背，摇头晃脑地开了腔：今天咱上第一课，虽然你有一定英语基础，但绝不能骄傲，一定要认真听、认真记、认真学。具体方法是这样的，我从最基础的单词教起，今天我们先来熟悉几种颜色。女儿把预先准备好的作业簿铺好，认真地写起来。这个时候，我已不是父亲，而是小学生眼中的学生。

不一会，女儿口中念念有词：red 红色、orange 橙色、yellow 黄色、green 绿色、pink 粉色、brown 棕色、black 黑色、white 白色、blue 蓝色……女儿边念叨边看我的口型，这小家伙的儿音加些许的卷舌音着实好听（不是我夸自己的女儿）。我“鹦鹉学舌”，一遍一遍地跟着女儿念，发音不准时，女儿把自己的嘴型作些夸张，我对着她的口型模仿，直到她满意我讲准为止。时间过得飞快，不屑多少时间，20 个单词全部搞定。我做些简单温习后，女儿告诉我，抓紧复习，一会她要来考我。果不其然，她神速般地拿来预先出好的卷子给我。然后又是单数复数地教，这些单词怎么在句式中灵活运用等，灌了我一脑子，我投入地练、全身心地学着。

女儿这个小老师当得非常过瘾，受益最多的当然是我。女儿在教我中，学习意识强了，学习习惯也好起来了。我们父女俩，这样获得的不仅仅只是双赢。由于部队工作繁忙，公务缠身，我鲜有闲暇陪女儿，自女儿小学一年级开始至今，我压根就没参加过她的家长会，这次英语学习权当是个“亲女”交流吧。学英语，对年逾不惑的我，也算是另一种思维方式的启发。周总理说过，活到老学到老。我们国家建立学习、创新型国家，中央政治局经常组织集体学习等。足足见得，学习重要到极致啊！学无止境。通过这种方式，把我久违的英语促一促，也好好提升历练一下。

随着词汇量的增加，妻子加入了辅导我的行列，一同教我，非要把我教会不可。虽说我掌握的词汇还不是太多，但已经有个良好的开始，万事开头难嘛。

快乐学习，兴趣英语，我“生锈”的脑袋要冷不丁“格式化”一把。女儿给我的是另一片知识的新天地，是在娱乐中给的轻松愉悦，是一种罕有的感觉。女儿收获的是快乐和成就感，我收获的是知识和快乐。

女儿教我学单词，真是惬意又畅快！

做个快乐自立的你

——给女儿的信

女儿好!

今天的南京,小雨纷飞。上海的天气可好啊?爸爸突然生出给你写信的念头,因为我们又有些许日子没有见面了。转眼,我们分而居之已有8个春秋。可不,你都是五年级的学生了。沪宁两地虽不算太远,忙里忙外的我想与你会一小面亦不易。

听妈妈说,你现在进步比较明显,学习自觉性强了,懂得用心思了。过去可有点儿刁钻贪玩,有时还得拿着鞭子抽甚至抽也抽不动(哈哈,爸爸用词有些夸张哦)。现在可大不同了,放学回家,虽没人监督,你能独立完成作业,然后再进行些健康有益的活动。爸爸还是打心里佩服你的,因为你不会沉湎于电脑游戏之类的东西不能自拔,虽有看电视的嗜好,但还能有节制,你不慕虚荣,不铺张浪费。

听说你还报名参加了这个班那个班的,且都是自觉自愿参加的,高雅的兴趣爱好多了,涉猎广泛了。上海外国语大学的小学英语班你频频光顾,虹口青少年宫的舞蹈、国画班也踊跃报名。对了,还有鲁迅艺校的古筝班。古筝?那可是中华民族的国粹!莫非小小年纪的你亦谙“行万里路,读万卷书”的道理。的确,读书求学问道,提升品位,可获益一辈子。当然,现在国家富有了,生活殷实了,你才有这么好的条件和机会。

听隔壁你的同学说,身为小队长的你,总是以身作则,热爱劳动,放学后常常主动留下来,打扫卫生、整理桌椅。是啊,一屋不扫何以扫天下。尤其值得一提的是,11月初,学校组织到崇明岛军训,身为军人的女儿,你表现出色,上下铺你都睡过,好好历练了自己,老师好好地表扬了你。听说你们那个寝室还被上海崇明前卫军训基地评为“最佳寝室”，并颁发了奖状(我们部队叫内务卫生评选，最好的要挂流动红旗，这个流动红旗可不好挂)。

女儿，爸爸从戎26载，宝贵的青春年华都给了祖国的国防事业，现在仍执著于此事业。愿你从现在立志，人在教室心装全球，为步入未来社会获取生活本领，长知识长智慧，聪颖全面，健全人格，锤炼心理品质，学会感恩。也为你的今后幸福快乐铺坦途，爸爸相信你的将来会是一片光明。

有句话叫，性格决定命运，细节决定成败。为了做得更好，爸仍得提醒你。比如，学习要快乐为之，再强化些自觉性，掌握方法和技巧，尤其是独立自主能力。要增强计划性，会筹划提高效率。要懂得，学习既是为自己，更是为社会为人类。要诚实认真，不能唬人懵己，做作业预习课文不能有任务观，更不能草草行事。还有，要讲文明、讲责任、讲纪律、讲节约、讲团结、讲卫生等，看爸爸是不是有些唠叨了。我知道，胡主席倡导的“八荣八耻”，你早已背得滚瓜烂熟，关键要付诸行动。

爸爸没有一味地逼你成绩第一，而是要德智体全面发展，尽心尽力学，争取好成绩，这是你现下的主要任务。其实你已经用行动证明了你自己，爸爸知道你有这个潜质。不是么?

这些年来，爸爸看着你成长进步，但绝不能骄傲，要谦虚谨慎，胜不骄败不馁。爸爸从没拿自己的童年跟你现在比，因为那根本就没有可比性，也不科学。但爸爸还是打心眼里羡慕你当下的好环境和优厚的条件，你是生逢好时光。希望你能成为国家的有用之才，希望你能自立。感谢你对爸爸的支持和理解，你为了爸爸的国防事业，军人女儿你缺少了很多同龄孩子应有的欢乐。

真心祝你平安健康！学习进步！快乐幸福！

送你一缕阳光

——写给女儿14岁生日的一封信

女儿：你好！

时光真是如电般飞逝。蓦地，你已踏进14岁光鲜的豆寇年华，爸爸禁不住心潮起伏、感慨万端。

妈妈孕育你的情景就在眼前，妈妈怀你时，要起大早，挤公交，赶上班（那时的交通可不像现在这么发达）。你即将呱呱落地，军人特殊职业的我，出差、加班是家常便饭，鲜有时间陪妈妈，更不用说照顾她了，妈妈只能独自承受，还得悉心呵护你。在那个节骨眼，爸爸受领中央电视台拍摄专题片撰写脚本任务，随上海到浙江温州的运兵专船采访，人在旅途，身不由已，牵虑挂怀，心神不定。对妈妈的愧疚至今挥之不去。

一个阳光灿烂的上午，妈妈直嚷着肚子疼，那是你即将出生的先兆，怕碰着腹中的你，妈妈忍不住轻轻地揉肚子。看着妈妈疼痛难忍的样子，我只能着急地安慰她。就在这个温暖亲切得连小鸟都唱歌的上午，你神奇般地来到这个世界，爸爸永远忘不了那一天，妇产科护士长抱着你款款走出产房，爸爸急不可待地跑过去，伸长脖子，小小的、还带着些毛茸茸胎毛的你（额头上隐约有粒小痒，后来不知哪一天就不见了）就这样赫然扑入爸爸的眼帘，爸爸定神不知看了多久，你的名字“昊琳”就是那当儿取的，其意味，请你自己揣摩。关于那时的感觉感受，爸爸在《新民晚报》“夜光杯”专版以《我有了女儿》为题登了一篇小文，那些浓得化不开的情慷就尽在那篇稚嫩的文字里了。爸爸因之收到了晚报编辑转来的读者来信，内容大抵是夸奖、推荐到《读者》云云。

做母亲着实不易，全天下的母亲都一样。子女当怀感恩，养育之恩当涌泉相报。为了你，妈妈怀你时，奶奶被爸爸从山东老家请到上海，你上幼儿园、小学，奶奶是风里来雨里去地接送你。

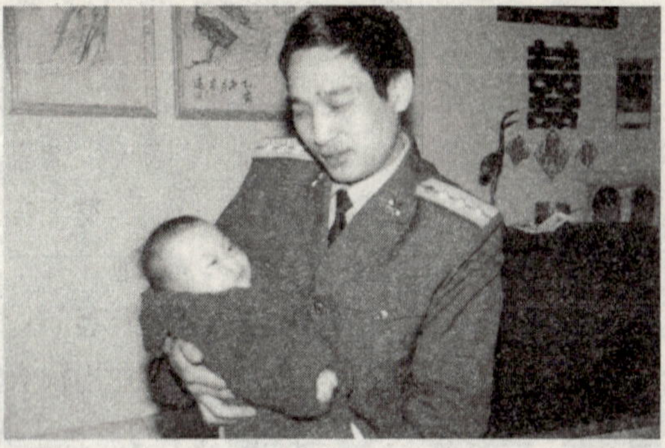

在咱们家你被视作掌上明珠，爷爷奶奶、爸爸妈妈及很多亲人都是那么地爱你。

爸爸之于你只是愧疚。2000 年 4 月，我从上海调到南京，你才 3 岁多一点。咱们就这样开始了分居，不知何时是个头，几多酸甜苦辣。尤其是半夜里你突然生病，妈妈一个人心急火燎、焦虑疲惫、胆战心惊地带你去看病，那种感觉你现在恐难体会。这种日子一晃就是 9 个年头，现在想来妈妈是何其伟大！

爸爸歉疚于没有陪伴呵护温暖你，在你最需要的年岁，爸爸却不在你身边，连家长会也极少开。如今，这些都成了妈妈责怪爸爸的绝对理由。妈妈责怪得着实有理，是我的一万个不对：未尽责，未履行爸爸的义务……

愧疚已成过眼烟云，无法重来。只能从容面对，唯有做好当下。

作为父亲，接下来要对你说点希望。希望你好，希望你能够明白爸爸妈妈的良苦用心，希望你健康、善良、刻苦、用心、诚实、孝敬、真诚、快乐、阳光、率性、有责任感，尊敬师长，尤其是要听老师的话，既善待他人，又懂得保护自己、珍爱自己。眼下，首要的是学习，学习是你最要紧的事。关键是态度，态度决定成绩。兴趣和热爱是最好的老师。行为决定习惯，习惯决定性格，性格决定命运，细节决定成败。许多事，只要从一点一滴用心做起就不难，学习也一样，你稍加努力就会见效，你如狠狠努力，会产生嬗变的效果（这一点，你上校光荣榜的事实已经证明，相信你有这个潜质和实力）。记住，还要珍重亲情，提升品位，走近高雅。明白“近朱者赤，近墨者黑”和“良药苦口利于病，忠言逆耳利于行”的道理，交友当交好友益友，择其善而从之，莫交损友。

闲暇，请仔细考量：时光金贵，必须珍惜她。有些不属于你这个年龄做的事，咱就断然不去做。学到真知识和真本事，才是你立足社会、赢得未来的武器。你怎样对人，并不代表人家怎样对你。要想有大的进步和发展，必须潜心学习。世上无难事，只怕有心人。苦心人天不负。黄金非宝书为宝，万事皆空善不空。学会分辨是非美丑，不能良莠不分，凡事必须三思而后行。

希望你知，希望你懂，希望你能够用心揣悟。人，无论在地球的哪个角落，都必须遵守世界游戏规则，必须恪守道德底线，汲取知识的地气和营养，才能赢得未来社会的入场券。知识是撬动地球的支点和力量，成就万事皆如此，如是幸福便在不远处等着你。快快行动吧，只要你用心就能获取知识的无尽力量。

心动莫若行动，相信你能行！

顺祝

夏祺！

温暖的家

这个春天很温暖

3 月 8 日，时尚之都上海，春雨绵绵。不知怎地，我的思绪随这温润的雨端地弥漫开来。我想起了 2 月 11 日随南京军区驰援江西抢修电网部队执行采访任务期间，母亲、妻子和女儿电话里反复说过的“口头禅”。在“三八”妇女节这个特殊的日子里，我想敞开心扉对我最亲的三位女性道点儿“隐私”什么的，权当军旅岁月一朵情感浪花，或曰“三八”军旅情话“对对碰”。得，干脆就管她叫情话无忌吧！

母亲的口头禅：“多穿点儿！”

儿行千里母担忧。我南京的宿舍没有电视看，目不识丁的母亲，为了获取我在江西抗雪救灾的消息，整天抱着收音机不放，一天到晚收听，看看有没有抗雪救灾的报道。我是春节期间接到出征命令的，到了英雄城南昌的次日晨，就患了重感冒。电话这头，我竭力掩饰，生怕电话那头的母亲觉察到，为我无端担忧。尽管如此，还是被心细如针的母亲“发现”了蛛丝马迹。打那以后，手机里母亲“唠叨”最多的就是：多穿点儿！江西山区一定很冷。你小的时候，咱家穷，缺营养，你体质弱，可不能再受凉了，不要让娘为你担心。

那十几天里，我给母亲打电话，她第一句和最后一句话都是：多穿点儿（这话母亲说得很溜，总是脱口而出，听得我都有点腻歪了）！其实，去年春节前年逾古稀的母亲肺部做过大手术，身体还比较虚弱。龙钟的她，自己照顾自己都有些困难，最近医生还强烈要求她尽快复查。可是她的心里却时时装着我，无私地牵绊着我。我又不是小孩子，已是个年逾不惑、小学5年级孩子的父亲、从戎二十多载的老兵啦。我常思忖，在母亲的眼眸里，也许我永远只能是个孩子。可不是么？自己就是风筝，母亲就是那温暖的风筝线，不管你飞得有多高，线始终在母亲手中攥着。任凭你怎么飞，也飞不出她的视线。在母亲的唠叨和叮咛中，我与抗雪救灾官兵高标准履行任务，不敢有丝毫懈怠。

妻子的口头禅：“多睡点儿！”

我与妻分而居之，已有8载。她在上海，我在南京，好不容易盼着过个团圆春节，部队领导一个电话，春节假还没过完，我就踏上征程。走出妻的视线，走出妻温暖的臂弯，在江西抗雪救灾一线，妻的电话明显比平素少了许多。她知道我们任务紧急，鄱山区手机常没有信号，顶为要紧的是怕影响我采访、发稿。即便偶尔为之，也都是我主动打给她。

那段光景里，她的电话虽不多，手机里说的最多的是：多睡点儿！妻知晓我，因为宣传采访，经常要长途奔袭，翻山越岭，没日没夜地，吃饭没规律，睡眠更没有保证，体力严重透支。每次连线时都劝我，尽可能早些睡、多睡睡觉。几个字简简单单，对我却是莫大鼓舞。那些天，因为严重缺少睡眠，饥一餐饱一顿，人整天昏沉沉的，腰酸背痛，两条腿像灌了铅似的。在那种境况下，尽管身心都很疲惫，听到妻简单的问候，我又重抖擞精神，回到竞技状态。

女儿的口头禅：什么时候回来?

在抗雪救灾一线，虽然“人困马乏”，但女儿葛格的鼓励支持，常会不期而至。只要一有闲暇，葛格都会跟我唠上一两句，说的最多的就是：爸爸，我很想您，您什么时候回来（说真的，我特怕女儿这么问。因为两地分居，女儿平日电话问的最多的也是，什么时候回来？哪天回来？到底几天？女儿总是不依不饶地要我给个准头，其实我根本就说不上什么时候能回来）？有时，还会发来短信问我。

女儿的话让我想起前不久央视一个谈话类节目里的一句智语：有事做、有人爱、有希望，人活得才有意义，那才叫惬意快乐。执行任务初始，我压根就不知何时是归期，跟女儿说得最多的就是“快回来了！快了！”女儿就反问我，什么叫快了。我只能无语。她银铃般哆哆的童音，着实成了我抗雪救灾的精神养料，使我充盈而蓬勃，让我缱绻在纯粹、柔曼的亲情里。

母亲、妻子和女儿，是我此生最亲密的三位女性，她们给了

我简单而又实在的鼓励支持，咀嚼着这些个简单的不能再简单的词儿，心头盈溢着一股股暖意。在艰难困苦的抗雪救灾一线，我迎难而上，有苦不言苦，带着新闻报道组的十几位新闻骨干攻难克弱，经常处于亢奋状态，始终保持冲锋的姿势，步履铿锵，得以圆满完成任务。当然，还有领导和战友们的打气加油，与母亲、妻子和女儿三位女性分不开。上月底，我荣幸地被南京军区评为“抗雪救灾先进个人”，受到通报表彰。军区抗雪救灾总结表彰电视电话会议隆重举行的当天下午，江苏、福建、上海、浙江、安徽和江西的战友纷纷发来短信向我祝贺(因有公务在身，我没能参加会议，再说自己也不知道真会获得那么高的殊荣)，跟过年一样(您甭说，俺那点虚荣心还真得到了满足，到现在还沉浸在喜悦里)。我深谙：这荣誉有一大半当属于母亲、妻子和女儿。红土地上，我与官兵们一起感动，与春天一起感动。

2008 年这个春天，很温暖。真的很温暖！不，这个春天注定很温暖！

温 暖 之 旅

我揣着甜蜜愉悦的心情，踏上回老家鲁南探亲的路，这着实是个温暖之旅，因为是去看望久别的老爸老妈。思绪伴着"呼哧呼哧"的车轮声，回到从前。

老爸老妈在沪上陪伴我已有十多载，帮我呵护女儿、料理家务，揽下不少繁杂事忧愁事，给我腾出足足的时间工作。近些年，因为年迈体弱之故，老人家屡屡跟我商量要回山东老家乡下住住，我也在思量，年纪大了爱回忆、叶落归根等等更是他们冠冕堂皇的理由。常听老人唠叨邻里谁谁咋啦，谁谁现在情况如何如何？思乡之情在唠叨中愈来愈浓，在数落中念想着，常常无端地写在她脸上。

老妈想家心切，这表现在，家乡的一草一木她都割舍不下，田头那座小桥还在不？村南头的砖瓦窑不知还烧砖不？村头村长的梨树园和小竹林长势怎样？小时我们过家家的桃园不知还有么？北家的老屋怎样了？村中间那条小河不知干涸了没有？看护学校的朱大伯好像已不在人世……絮叨的背后，深藏着母亲归家的迫切心情。尽管我情感上难以接受，但最后还是迁就服从了母亲。

去年 11 月，我还是请了假带上老人的最爱——叮叮当当的家什，陪老爸老妈回山东老家。现在想来，老人家着实不易，这些年离乡背井地到国际大都市上海生活，不明就里的老乡们看着他们似乎很风光，其实在上海老人家有着太多的不习惯，生活习惯、风俗习惯、语言交流、过马路、购物，等等。在上海那个温暖又十分简陋的小家中(我们老少 5 口挤在三十几个平方窄小的公寓房十几年)，好些物品都是老人家在老家农村用惯的东西，针线包，旧的不能再旧、土土的老花眼镜盒，顶针(纳鞋底用的)。老婆和女儿一开始也不习惯，慢慢地发现老人家离不开这些个东西。适合就好，喜欢就成，老人家喜欢那些她用惯用顺手的敝帚自珍物品。在去山东的火车上，老人家心情复杂，我也是五味俱全，毕竟他们跟我生活十几年哩。和着滚动的车轮声，我的思绪乱乱的，这是个复杂的旅程，这个旅程着实颇为漫长。

已在老家小住些许时日的老人家又念起俺来，那意思忒明确：希望我回去看看、陪陪他们，我早早地请了假，携妻女踏上回故里的旅途，这是个充满期待、充满期盼、充满畅想、充满温暖的旅程，这个旅程温暖得无以言表，哪个做儿女的都有这种体味，与父母分别久了，又即将见面那是怎样一种感受，尽管有可爱的妻女相伴，旅途仍有些小漫长。终于抵达故里，老爸老妈，早已翘首期盼着，见我们下得车来，老爸老妈的喜悦绽放在深深的皱纹里。那喜悦纯纯的，没有一丝杂念。

女儿早已奔跑到奶奶的怀抱里，此时我能体悟到老妈那颗拳拳爱女爱子之心，女儿是老妈一手带大的，那份情愫全在女儿那一奔，老妈那驾轻就熟地亲亲一揽中，丝丝缕缕的情感用任何语言形容都是多余的，从那一刻起，我真真切切地感受到老家的温暖，老爸狠劲地烧煮早已备好的、好多好多的家乡土菜。那是我儿时的最爱，很可惜当年条件有限无法满足，现在物质条件丰厚了，要啥有啥了。

老爸老妈，妻子女儿，姐姐外甥，乡菜乡情，乡俗乡风，其乐融融。

我喜爱这一次次的温暖之旅，我爱我家，我爱老爸老妈！

情溢春节

晨阳火炉，爆竹春联，乡风乡情，村音野趣，土墙土屋，小道土井，烟斗棉帽，憨憨的土地……礼花满天，短信摩肩。贴春联、拜大年、赶庙会、吃小吃、收发拜年短信，沐浴在浓浓的节日氛围里。回家的感觉真好，过年的感觉真好！

到达家乡已是大年三十下午，按照老家的习俗正是家家户户贴春联的时候，贴春联是老家重要的年节民俗，人们迎新纳福、祈愿新年好光景。毛笔字写得稍好点的，这个时候，可甭想闲着，邻里乡亲的一准会请你挥毫泼墨露几手。上初高中时还算能涂鸦几下子的我，每至春节也要忙着给邻里乡亲们写春联。记忆中的春联内容大抵如下：一元复始，万象更新；风调雨顺年，五谷丰登时；风雨送春归，飞雪迎春到；俏也不争春，只把春来报；天增岁月人增寿，春满乾坤福满门；春风杨柳万千条，六亿神州尽舜尧；新天新地新时代，新年新事新风尚；花开富贵春，竹报平安节；物华天宝，人杰地灵；等等。如今的春联啥样了，禁不住好奇，我带着妻子在小村小逛了一圈，感受着弥漫喜庆吉祥的春节意味，遂记下这别样的春联：生意腾腾起，财源滚滚来；平安全家福，和睦满堂春；铸百年伟业，展千秋宏图；人和万事兴，家顺千秋福；四季花开春光好，五福临门吉祥到；天赐鸿运福临门，地接财气富贵家；门前金光道，院内幸福家；龙腾金宝地，凤舞和谐门；雄心创业业辉煌，壮志兴家家富贵；福多财多喜气多，风顺雨顺时运顺；龙腾新年喜，凤舞大地春；兔首翘盼好运来，双眸映红祥云开；寅虎辞岁去，玉兔献瑞来；等等。如今的春联，大都透着发财的气息，蕴含着和谐幸福的含义。从这春联中窥见时代变迁，人们渴盼着发财富有，和顺美满，生活富庶。儿时家家户户贴春联的记忆，其实就是春节的记忆，也是春节最经典、最精彩的一幕。

初一给长辈们拜年是人伦道德的最好体现，也是鲁南农村春节最给力最温暖最有意味的传统。这天，无论大人还是孩子都会早早地到长辈们家磕头拜年。我们儿时拜年基本上没有红包，给些炒花生、炸丸子、炸山药等就算不错了，能收到几角钱红包已经是幸运至极了，物质极度匮乏，能吃饱肚子就相当不错了。尽管贫穷，但那个年代的春节有味道、够神圣，也相当给力。压岁能驱邪免灾，保佑孩子平安。也寄托着长辈对晚辈的殷切希望和款款关爱，是一项延续伦理关系的民俗活动。

如今可大不同了，拜年的红包少则几十元数百元，多则千元数千元，红包的感觉意味也与往年迥异。不过这压岁钱本来就是象征性的，是表达一种尊重和爱意，是一种亲情的温馨快乐释放，如果一味攀比，变了味道就失去意义了。晚辈来给父母磕头拜年，老人家自然乐得合不拢嘴，也点燃了童年的记忆。这磕头跪拜，让人与人之间的距离一下子拉近了不知多少，亲情和谐温暖温馨，正像一首歌唱到的“淡淡烟草的味道”，伸手可及，浓浓情愫缱绻在春节里。初一磕头拜年，是鲁南农村挥之不去的年味，浓得化不开的情愫是老家农村春节又一道美丽的风景和经典镜头。看起来繁文缛节，但在相互问候拜年之间，长幼尊卑等基本人伦关系与相互道德规范得到延伸、拓展和加深。

拜好年接下来就是赶庙会，这庙会人山人海。套圈儿、射气球、捏泥人儿、掷飞镖、卖花车、踩高跷、舞狮子、彩笔写鸟字、书法表演、画花鸟、测生辰八字、看手相……让人应接不暇。拓煎饼等是庙会上的主打小吃，糖葫芦、煮玉米、烤地瓜、擀糖仁、凉粉儿、炸串、馓子。小吃中还有些不少“舶来品”（这些年出去打工的多了），以前家乡不曾有的小吃，这里也都粉墨登场，什么羊肉串、麻辣烫、烤香肠，上海街头早晨小巷中能看到的“洋式”煎饼等等。好不闹猛！令人垂涎三尺。赶庙会收获的是热闹和温馨，小乡村一下子迎来那么多回来过节的游子，连短信也拥堵起来，手机接不了也打不出。

怀着无限期盼的心情到鲁南老家过春节，对于我这个近三十年在外的游子其意义可想而知。陪父母休息调理，练身体呼吸新鲜空气，远离应酬尤其是远离没完没了的酒，吃土菜土饭，彻底放松，陪妻子女儿，闲适得着实可以。终于可以睡到自然醒，总算可以远离电话公文，远离格式化的工作，终于可以尽情感受传统，感受民俗民风，感受那些丢失很久、留在记忆深处的温暖，感受人间至美大爱，思考人生，筹谋工作，憧憬未来，享受生活，享受亲情。经历一次春节就是经历一次传统的文化教育，经历一次春节就是经历一次亲情洗礼，经历一次春节就是经历一次灵魂的净化。

家乡的春节，如灿灿的朝阳照亮胸腔，荡涤心灵，淡淡地灼着皮肤，暖痒痒的。乡村的春节如一缕春风拂来，犹如寒冷大地上盛开的向日葵，种在心田，通透纯粹。

这个春节溢满亲情，让人沉醉。这个春节净化心灵，陶冶情智。这个春节让我徜徉在温暖中，留在童年的记忆中。我爱这浓浓的春节，我爱这传统的亲情节！

柳叶飞絮：

凤凰卫视邓凌莉：旧岁逍遥过，新年自在来。禅莲冬不败，换做腊梅开。

亲爱的他们

爱的路上有你有我

有一天，脑海里忽然蹦出《一路上有你》的流行老歌来，“一路上有你，苦一点也愿意，就算是分离与我相遇。一路上有你，痛一点也愿意，就算这辈子注定要和你分离……”哼着熟悉的歌，一个故事端地浮现在眼前。

男主角，丈夫——肖鹤鹏，某部政委，三等功荣立者，工作可谓出色，事业可谓辉煌。女主角，妻子——郭亚美，江苏某市疾病预防控制中心职员，一位平凡的中国女性。就是这一对，演绎了现代版“牛郎织女”的情爱故事。

二人 1990 年结婚，没曾想，一分居就是 8 年。郭亚美在一个乡村卫生所当医生，8 年里，为了丈夫的事业，她既要上班带孩子，还要赡养老人，默默承受了太多的困难和苦痛。那些年里，她每天在苏北农村的土路上骑自行车上下班，不知摔过多少次跤。女儿生病令她心急火燎，一个又一个不经意的苦楚让她闹心。有一年，苏北的冬天特别冷。雪花漫天飞舞，小郭像往常一样深一脚浅一脚地去上班，由于重心不稳，加之路滑，她连人带车翻进路边的土沟里，这下摔得着实不轻，脚踝钻心地疼。凛冽的寒风中，广袤的旷野里，连个人影都见不着，根本没有人来帮她，她只能硬撑着自己爬将起来，于是一瘸一拐地往卫生所赶。伤痛心痛一股脑儿袭来，泪水如泉水般流淌下来。看着别人成双成对，她羡慕得要命。可自己的丈夫是军人，不能分散他的精力，更不能影响他的工作，她硬是等伤痛好了后才告诉丈夫。

好不容易熬到随军团圆，可丈夫从事机关工作，出差成了家常便饭，聚少离多。接下来又是分居再小聚，日子就在这聚散别离中，离离聚聚，平淡如水，寻常如风。没有花前月下、卿卿我我，没有海誓山盟、海枯石烂，没有惊天动地、凄美离奇。平淡，接着是平淡之后的平静。

《中华人民共和国婚姻法》第一章第四条写道："夫妻应当互相忠实，互相尊重；家庭成员应当敬老爱幼，互相帮助，维护平等、和睦、文明的婚姻家庭关系。"

是啊，婚姻看起来简单，却需要两个人共同经营、相互守候、相互坚守、共同维系，小心呵护。

而军人的婚姻，要比寻常人付出更多。不是亲身经历，根本就无法想象，无法体悟。军人的婚姻，需要用心去垒砌构筑，用情去浇灌培育。在和平的天空下，在共和国的蓝天下，有多少对这样的夫妻，有多少个这样的家庭，他们忍受分居、忍受孤独、忍受寂寞。有多少军嫂自己打拼，面对各种各样难以想象的困难，独自撑起事业和家庭。和平和安宁的背后，有无数位自强、自立、可爱的军嫂无私艰辛地奉献和付出。

此时，耳畔又响起《一路上有你》的旋律来，"一路上有你，痛一点也愿意，就算只能在梦里拥抱你！"

风浓雨浓情更浓

有两位特别的“小朋友”，丈夫小孙——某部机关三级士官，负责机关首长的服务保障事务，工作起来十分繁忙。妻子小朱——原本是某部一名女兵，小巧玲珑、小鸟依人。因为好学上进、勤奋刻苦，靠超人的毅力，自学法律，拿到了两张法律专业的本科文凭。能干有才识的她，退伍后即被一家著名的律师事务所高薪聘用。

去年初，他俩与许多同龄人一样走上红地毯，步入婚姻的殿堂。婚后，小俩口相亲相爱，浪漫并忙碌着，日子过得有滋有味，惹得不少同龄人欣羡。

可是“好景不长”，这份美好、平静、浪漫的温情，随着小朱的怀孕被打破，几个月后，小朱不得不暂时离开喜爱的工作岗位，在家保胎。因为小孙任务重，很少得闲回家陪小朱，倔强的小俩口，冷不丁地还会小吵一把。忙惯了的小朱，在家待久了，倍感孤寂，心情常无端的烦躁。

这还不算什么。小朱没想到竟生得双胞胎女儿——晨馨、晨曦，开始小两口还沉浸在无尽的兴奋和喜悦里，可没过多久，他俩就有些吃不消了，作为“80后”的他们，带一个孩子已经是件很艰难的事了，一下子要带俩孩子，是何等艰难！加上俩小家伙特淘气，跟约好似的，要哭一起哭，要闹一块闹，把小朱整得筋疲力尽。没办法，小孙下班也得赶紧回来帮忙，亲戚们也纷纷伸出援手。考虑到丈夫的工作，小朱做出了重大决定：委屈自己，辞去心爱的工作，在家做个“全职太太”。带着俩女儿，小朱脸上常常露出些许无奈，总得有人做出牺牲。

在那些日子里，确实是苦辣酸甜，小朱人憔悴了许多，郁闷随之而来，和丈夫拌嘴也属常事。怎么办？日子还得好生过啊，在这些困苦的日子里，他俩不断鼓励，互相调适，终现风雨后的彩虹。忙碌回家的小孙常会凑到小朱耳朵边，情话悄悄：亲爱的辛苦了，日后我一定会好好补偿你的！

这对小夫妻，婚姻家庭生活甚是平淡，爱其实就是一种责任。婚姻需要责任，家庭需要责任。只要有了沉甸甸的责任，爱情婚姻之花才会越开越美。

军人的爱更需要责任。是谁的责任就应该由谁担当，这在小孙和小朱那，如今已成了一种默契。

为了和平的霓虹，沟沟坎坎需要共同经历、共同度过；为了和平的霓虹，“小我”必须服从“大我”；为了和平的霓虹，一己之利又算得了什么呢！这片和平的霓虹，是军人和他们的妻子共同点亮的，点亮了共和国璀璨的星空。

我们从冬走到了春

长距离频频搬迁，候鸟般屡屡迁徙，行者无疆，却阻挡不了情爱无限。

沙柳和王晓琴夫妇——一对恩爱夫妻。沙柳，某医院政委、诗人，著有散文集——《士兵岁月》、诗集——《军旅走天涯》。王晓琴，上海某镇文化中心职员。回眸过去，夫妻俩走过了不知多少艰辛岁月。

1987年，在新疆乌鲁木齐市服役的沙柳，以优异成绩考上南京政治学院。1988年经导师介绍，认识了江苏苏州市税务局的姑娘王晓琴，两人一见钟情。1990年，沙柳毕业回到乌鲁木齐。小王和沙柳只能鸿雁传情，冷不丁打个电话联络感情。越过千山万水，经受时空的考验，1991年底，有情人终成眷属。

婚后小王仍在苏州，偶尔到乌市与沙柳小聚。1992年他们爱的结晶——儿子降至人间，为了丈夫的事业，小王开始了真正的迁徙，一走就是万里迢迢，来到人生地不熟的大西北。刚安顿好，沙柳奉命调到苏州某部，妻子儿子又随之搬到苏州。

团聚的滋味还没尝够，1996年沙柳因工作需要又调至浙江湖州某部。无奈，1997年妻子随之搬来湖州，苏州好端端的工作丢了。在湖州，小王干导游、做饭店经理、当代课老师，工作被动地频频调换。还没有完全适应工作和环境，1999年，一纸调令沙柳又调到无锡某部。频繁的迁徙与分离，免不了让作为女人的小王有些抱怨，然而，牢骚归牢骚，他俩却依旧坚守着这份幸福。2000年小王随丈夫搬到无锡，她不怕别的，怕的是又得重新找工作。说实在的，她一听到找工作心里就发怵。在部队领导的关心下，她总算在某国企觅了个差事，凭着过硬的素质和基本功，很快得到公司上下赏识，升为中层干部。

正当她干得得心应手时，2006年丈夫又因工作需要被调到上海某部。怎么办？为了这个家，也为了丈夫的事业，她只能牺牲自己，成全丈夫。辞掉干得正有起色的工作，举家再搬往上海。她的工作又没有了着落，只能再干老本行——导游，再到大学里搞招生，她知道女人当自强，尤其作为军人的妻子。尽管经常遭到白眼，但她绝不气馁。她的举动、境遇和事迹感动了部队领导，也感动了地方官，驻地政府破例为她在淞南镇文化站安排了工作，她和沙柳的迁徙总算告一段落，终于有了固定工作。

在他们婚后18年里，5次大搬家，加在一起有数万公里。到哪都得重新适应环境，一切都得重新来过，小王的工作一次比一次难找，背着沙柳不知流过多少泪水。

从他们的故事，我似乎找到了答案，纵隔千山万水，但真爱没有距离。纵使跋山涉水，但真爱力量无穷。纵然频频调动，但真爱可以穿过高山越过海洋。纵使屡屡搬迁，但真爱超越时空，真爱无敌。

爱是不变的星辰，爱是永恒的星辰。军人自有军人的情和爱。爱在漫漫长路，爱在天涯海角，爱在心中，在梦里。

让爱的种子在理解的天空下成长

丈夫小熊——福建某市公安局交警中队指导员，妻子小戴——某部队医院正营职政治协理员。指导员小熊官不大，可管的人和事不少，加班加点是常事，正点回家更是鲜有。协理员小戴的官儿不大不小，平日里除了化解医护人员的思想疙瘩，还要负责医院的宣传教育、文化和新闻宣传工作，她分管的哪个工作都不是闲差，正点回家也不多。这小俩口在事业家庭矛盾的当口儿，咋办？再忙女儿总得要有人照顾，只得把老人家从老家请来照看。

开始，小两口倒也相安无事，事业红红火火，老人倒抱怨开来：我不相信就你们忙，咱们邻居中没哪个有你们忙的。小熊细细思忖，老人家说的有几分道理，自己忙倒也罢了，妻子一个女人家就不正常了，于是抱怨连连。小戴也有自己的理儿：你有公安的事业，我有军队的舞台，谁规定就只准你加班，我加个班就不行啊，不能这样自私吧！还是咱警嫂、“军姐”觉悟高。为着事业，你来我往的争执之后，小熊觉着有些理亏，再说争执不是解决问题的办法，得找到结合点。于是，他主动向妻子道心曲，请妻谅解。小熊的态度温和，小戴风格更高。只要有空就主动回家做家务，丈夫冷不丁也来打个下手。

夫妻之间，还有什么比理解更重要更弥足珍贵的呢！在理解的天空下，真爱的种子会发芽生长。理解才有平等、阳光和快乐可言。

军人的情爱更需要包容、谦让，在理解的天空下，才有踏实的爱情婚姻家庭。一片理解的天空下，爱，才能如潮水般，将两人紧紧包围。

你是我心底永远的烙印

絮叨了别人，《中国妇女报》“军人情话”栏目何编辑邀我唠叨唠叨自己。

咱1996年结婚。婚后，便是无尽的加班公差，日子平淡忙碌而又充实。妻即将临产时，我还在浙江温州运兵专船上采访。年底，女儿霖霖呱呱落地，家中喜添了“乐子”，也陡添了不少事情，喂奶、抱着兜、照看这个小不点儿等等，妻独自挑起了这副担子。

结婚不到4年，由于工作需要，一纸调令，我不得不离开妻女，独自一个人到南京工作，干的又是新闻宣传工作。接下来便是分居、分居再分居，忙碌、忙碌更忙碌，不知何时是聚首。伴随我的，常常是空房、孤灯和加班，只有书籍、写作、收音机、电话成为我孤寂时打发时光的伙伴们。长长的站台，冷冷的铁轨，列车窗外呼啸的清风，这些年，我多是沪宁两地跑，火车都乘麻木、坐怕了，我亲眼目睹了铁路一次又一次大提速，更经历了分居的苦痛。

在上海那头，常有女儿生病，半夜里妻一个女人家，又惊又怕地带着女儿去看医生；妻自己生病，苦撑着身子上班带孩子，我只能无奈地电话安慰；父母亲突患急病，我不在身边插不上手，“隔靴搔痒”，心急火燎……

抑或这就是一个军人的情爱之路吧，大爱无垠，大爱无疆，大爱无痕，大爱无声。其实，军人的爱没有模式，更没有缠缠绵绵，因为缠绵是如此奢侈的事情，跟军人无关。

面对着家庭琐事，面对妻子女儿恳切的期盼，只能是无奈徒叹息，身为军人的我，无力改变这一切。工作忙得让你根本脱不开身，有时忙得透不过气来，穿这身绿军装必须恪守天职，敢担当、能担当。因为越是在乎父母妻儿，这种无奈越重、歉疚越深。

分居，但家的责任必须履行。不在一起，爱的义务必须不折不扣地尽。忙，赡养父母的孝道必须尽。家里事多，有了困难也不能分心走神。而这一切责任、义务，都由我们伟大的军嫂默默承担下来。这就是军人爱的真谛——和平年代的奉献付出更大，大的让你无法想象，超乎寻常。

在此，不得不说，军嫂有个名字叫坚强！

没有罗曼蒂克的爱情

陈超，山城重庆某军校一名大专生——优秀学员。一天，室友韩顺利无意的一句话，成就了他的爱情："我们村有一位叫李爱香的好姑娘，现在长沙某大学读书，姑娘贤惠温柔，可喜欢咱军人啦，咋样？介绍给你认识认识，看看你俩有没有缘分？"

就是这不经意的一句话，真的牵出了一段爱情，牵出了两个年轻人的姻缘来。不管你相不相信冥冥之中，但爱情的奇迹确实在陈超和李爱香身上发生了。紧接着，小陈和小李就建立了书信往来，一来二去的，俩人都架不住绵绵情愫，感情骤然升温。

很快，姑娘李爱香就被陈超热爱军营、痴迷国防，尤其是被他独特的爱国情怀深深吸引。陈超也没挡住大学生的爱情攻势，尤其是小李对他选择军校的支持，对军人的品格敬仰。二人约定利用假期一晤，这一见面不打紧，整一个一见钟情，小陈喜欢小李独有的潜质和纯朴，小李欣赏小陈的忠厚善良。一对年轻大学生情侣的爱慕之心顿生，恋爱关系就这么确定了下来，姑娘在陈超的鼓励下，又攻读了硕士研究生。

军校毕业后，祖籍江西九江的陈超被分配到驻红土地某部，一到该部正赶上部队承担国家某项重点工程。为了照顾小陈的父母，也为了陈超的国防事业，这位山东姑娘只身来到小陈的老家九江找工作。因为学的是金融专业，学历又高，她通过全省的公开招聘，一下子就在九江某银行找到心仪已久的工作。

果真是爱的力量，小陈在工作上很快脱颖而出，被委以某重点工程建设的重任。因为工程建设任务重、工期紧，为了赶工期，俩人的婚期也一拖再拖。在部队领导的催促下，好不容易结了婚，一切都是那样简简单单，没有一点罗曼蒂克。而见过小李的战友们对陈超艳羡不已，几乎都会发出同样的感叹：你夫人不是最美，但温婉可人得很，你小子真是好福气啊！因为国防工程的工期紧，小陈几乎无法分身，婚后俩人在一起的时间屈指可数，只能靠电话和偶尔的书信谈情说爱。

真爱其实很平凡，很寻常。小陈和小李为了国防事业，在陈超和他的战友们的共同努力下，他们负责的工程以全优成绩提前完工，受到上级领导的肯定。夫妇俩像商量好似的，爱的结晶——女儿陈曼琦呱呱落地。为了褒奖陈超的贡献，部队党委领导给他提前晋升了职务。三喜临门，小俩口乐得笑开了花。

虽然没有罗曼蒂克的浪漫，小陈却赢得了战友和党委领导的最高褒奖，小李自然明白，还有什么浪漫比这来得更真呢！这种爱情，远离虚饰，平凡真实。

一把小伞，缘聚一生

皖北大别山腹地六安土生土长的农家子弟——陆树智，与杭州西子姑娘——何西子共同演绎了美丽的爱情故事，这故事还有些许传奇。

浪漫的爱情故事，还得追溯到上个世纪 60 年代末。有一天，公差到杭州的陆树智行至某工厂门口时，天公不作美，突然抖落起雨来，糟糕！出门匆匆，竟忘了带雨具，不能就这么淋着。陆树智急得团团转，真是天无绝人之路，情急之中，他看到工厂门前有位姑娘，正在埋头打扫卫生。

陆树智定睛审视，姑娘身材匀称，可谓天生丽质，连打卫生扫的动作都很优雅。顾不得那么多了，要么淋雨，要么"阿米尔，冲!”他最终还是鼓起勇气跑到姑娘近前，先是自我介绍一番，再向姑娘开口借伞。听说是个军医，再看小伙子英武帅气，血气方刚，姑娘的心里放松了许多，她没有多想，旋即到厂里拿来自己的一把小雨伞。这边厢，小伙子陆树智心里忒复杂，像揣着小兔子似地直打鼓。

不一会儿，姑娘已把小雨伞送到陆树智手中。咱陆树智虽生在大别山农村，绝非粗人，他可是心细如针。一个缘分的大胆之举开始了：他自信地索要姑娘的联络方式，还美其名曰“有借有还，再借不难，要及时归还雨伞”。姑娘拿出纸条，欻欻几下子，优雅地留下通联，写字的动作优美不说，字体亦落落大方。再看那名字，陆树智不禁怦然心动——何西子，名字跟人一样美!

咱陆树智可不是普通的军医，他是部队的好医生，政治强、人品好、业务精、素质硬，且有几分文学和音乐功底。雨过风停，伞也还了，小陆的心却被西子姑娘磁铁般地吸引着，追、追、追!何西子确实非同小可，不仅聪慧靓丽，且是出身于大户人家。

一不做，二不休。打那时起，陆树智就发起了强烈的爱情攻势。何西子本来就对小陆心存好感，加之小陆有着一颗爱国情怀，本就非常之爱国的她，挡不住小陆猛烈的攻势，心终于被俘获。她跟爸妈一报告，光从女儿脸上洋溢的喜悦里，爸妈就读出几分意思来，听说小陆又是一名素质过硬的优秀军医，立马拍板：还说啥呢，女婿就是他了!

接下来的日子里，两个人自然是恋得火热，恋得如火如荼。尽管相隔“万水千山”，但难以隔阻两个人的情感。于是顺理成章地结婚，婚后陆树智又被作为特殊人才选调到杭州，翌年生下儿子。奶奶想给孙子取名陆海空，爸爸和妈妈说还是叫陆海吧。整一个部队情结!

曾经沧海难为水，除却巫山不是云。沧海桑田，见证了陆、何夫妇年轻青春的爱情。如今，他们把儿子陆海送入军营，巧的是，儿子正好在海军某部，因为联勤的关系，这家部队的上级又是陆军，这正应了他的名字——陆海。

陆树智、何西子因了一把小雨伞而牵手，雨中景，雨中情。大别山的帅哥因伞生缘，因伞爱上西子姑娘，超越时空，不离不弃。是啊，距离根本不是问题，山水难以阻隔，鸿雁传情，伞中缘、伞中情、伞中景、伞中爱，伞中孕育下一代。

沧桑年轻浪漫时尚，这就是陆树智、何西子的爱情。年轻的海军干部陆海见证了父母延续久远的爱。眼下，也到了陆海恋爱的时候了，但愿陆海的爱情故事能比爸妈更浪漫更传奇更幸福。

恋爱宝贝：我心中你最重

毛毛和小叶子——"80后"的一对恋爱宝贝，毛毛和小叶子同在湖北某军校读书，小伙子毛毛比小叶子高一届。北京小伙毛毛帅气，温州姑娘小叶子从小练过舞蹈，高挑苗条的模特身材，两只眼睛水汪汪的，望你时总是顾盼生辉，楚楚动人。

军校的时光是难忘美好甚至是刻骨铭心的，想起来总都是甜甜的，令人回味无限。小叶子提及曾经的过往，双眸中充满着留恋和期待。

一次学校组织的军事地形学作业——"找点"，让毛毛和小叶子无端地邂逅，这个"找点"好像是专门为他俩认识度身设计的，事情是这样的：在一个雨雾蒙蒙的一天，毛毛按照老师给的题目努力地找寻着，一个又一个神秘的窑洞、小桥、大树、民居、水井被他顺利发现，在寻觅山坳里一片小竹林时，他的目光被不远处一个身着迷彩、一瘸一拐、行走艰难的女生身影招引过去。凭着男生的本能，得去看个究竟，他三步并作两步跑了过去，一问方知，原来是低年级的小叶子同学，他关切小叶子的伤情，是由于找点心急不小心扭着了，不能看着受伤的小阿妹妹不管啊，他架着一瘸一拐的小叶子，边找点边向目的地艰难前行。就这样，毛毛和小叶子相识了。

很快毛毛毕业被分配到南京某部，小叶子还得完成自己的学业，日子在学习工作、书信和电话中度过，两人的爱意越来越浓。不久小叶子毕业分配到安徽某部队医院，两地跑动成了毛毛周末的主旋律，小叶子买来手机，于是靠短信传情，小叶子发短信的速度简直盖了帽，根本不用看按键。

毛毛和小叶子恋爱的事传到小叶子奶奶耳中，打小就疼爱小叶子、年事已高的奶奶非要见见毛毛，这一见不打紧，婚事让奶奶给拍板定了。

没过多久，小叶子被调到西子湖畔某部，俩人又分开了，电话、短信加上冷不丁的书信，实在不成，思友心切的毛毛请假从南京追过来，恋爱中的酸甜苦辣只有他俩最知，毛毛无怨无悔，小叶子也是乐此不疲。是啊，军人的爱就是要能够承担和忍受，就是相互理解，就是风雨同舟，就是一种坚守。

执着篇

清幽之地蕴淡定，禅茶一味日静好。

成就万事须历练，艰难困苦能攀高。

——子言

胆大出才干，进取得精神。高怀见物理，和气得天真。恒心是成事的兄弟，毅力是成功的朋友。坚持必有所获，恒久必能成功。

心有目标，困难绕道。心有目标，如履平地。心有目标，无路也有车。心有目标，条条道路通罗马。心有目标，能成万事。

心有目标，四两拨千斤。心有目标，力拔山兮气盖世。心有目标，可以撬动地球。男儿当执著，执著坚守，就有千方百计。执著坚守，办法就比困难多。恒者久，久者远。志存高远，舞台必大。心有之，卓越随。

你准备好了么

英文里有个使用频率较高的句子：Are you ready？翻译成中文就是：你准备好了么？新年伊始，到了人生阶段性“加油站”和驿站，该是保养身体“机器”、加油、抖落一身的风尘，重新上路的时候了。日复一日，年复一年，年度其实是人为的划分，任何工作都须保持连贯性。新年该如何面对？精神、思想、计划、目标、思维、观念、身体、心理品质等方面，你都准备好了么？

新岁当有新担当，新岁当有新面貌、新的变化，面对新形势、新任务、新使命、新要求，我们不妨扪心自问：怎样才能不辱肩头沉甸的使命？思想武装好了么？各项工作打算好了么？新年该有新思路，新年当有新状态，新年要有新气象。

不妨先来“盘点”一下，“扒拉”一下去年咱干得到底咋样？还有哪些成功经验值得总结借鉴，有哪些教训需要注意吸取。“盘点”是为了找准发力点，盘点才能提升理性的思维层次，“盘点”才能更进一步，总结才能更好地超越自我。不能当一天和尚撞一天钟。要用科学发展观指导，高层次地“盘点”一下。“盘点”是为了下一步更好地工作，更好地远征；“盘点”是为了提升理性思维层次，更好地超越自我。

再来“目标”一下,这是下一步干好工作的关键。上级早已为我们指引了大方向,定下了大目标。我们每个人这个“小我”当有自己的小目标,量化细化,列出时限表,新的一年究竟应该达到什么水准,要做个明白人和智者。新年就是要不一样,新年新标准,新年新气象,新年新姿态。绝不能山还是那座山、梁还是那道梁,手拿旧船票还想登上新客船,涛声依旧,身子进入新年的门槛,脑袋和思想还滞留在去年。面对新的形势,我们尤其要做好充分更充分的准备,知己知彼,方能百战不殆。把不可能和困难想得复杂再复杂一些,把自己锻铸得过硬再过硬一些。

接下来就是“蓄势”待发。年终充好电,蓄积能量,拧紧发条,攒足劲,风满弓劲,当怀“直挂云帆济沧海”的气概。再好的计划目标,不从纸上、墙上“走”下来,不付诸行动,都将是一纸空文。还是想用那句比较时髦的英语单词:Start!翻译成中文的意思是:现在开始。是啊,“演出”现在开始,现在必须开始!千里之行始于足下,必须从我做起,从现在做起,从一点一滴做起,开始新一轮生命赛跑。一位哲人说过,男子汉大丈夫一旦诞生在这个地球上,就应该留下巨大脚印。

目标了然于心,你真正准备好了么?展望未来,任重道远。身未动,心已远,我们行将出发,我们要瞄着去年的问题“发力”。只要我们始终保持冲锋的姿势,始终处于竞技状态,有勇气、朝气和志气,步履铿锵,新年就会有新进步,新年就会有新作为,我们就一定能够实现一个又一个目标,赢得一场又一场战争的胜利!

号角已经吹响,准备好发力,准备好冲锋,胜利就一定属于我们!因为成功和胜利始终垂青有准备的头脑,这是亘古不变的定律。

柳叶飞絮:

收录于《解放军报》1版集思广益专栏——《中国新闻名专栏》,且入选《科学发展纵横谈》一书。

行百里者半九十

世博会期间，上海市委书记俞正声在阶段性总结时言语谆谆：“世博会虽然开局良好，运转有序，但是‘行百里者半九十’，只有 184 天都平安有序，世博会成功、精彩、难忘的目标才能最终实现。”

诚如斯言。世博会时间跨度长，各项标准要求高，众多工作人员长期满负荷工作，加之时值酷暑，这个时候容易产生疲劳、焦虑、松懈的情绪。而游客观博的热情，像这高温天气一浪高过一浪，丝毫不减。在这个时候，我们要保持始终如一的耐心，绝不能有丝毫懈怠，否则就会功败垂成，功亏一篑。

还有一点，我们也要认识到，那就是世博会运行一直平稳有序，顺利实现了常态运转，这容易造成一些人思想上的错误认识，产生盲目乐观的心态，思想上的那根弦也绷得不那么紧了。这种想法万万要不得。要知道，世博还有近 3 个月，脚下还有很长的路要走，还会遇到很多困难和意想不到的难题，绝对麻痹大意不得。

我们也不能安于现状，满足于已经取得的成绩，认为世博会就这么办下去已经挺好了，能保持好现状就行了。我们要清醒地看到，尽管世博会运营一直秩序井然，但还有一些不尽如人意的地方。如有些参观者依然存在不雅习惯，由于知识面的问题，还不知怎么看、怎么欣赏；一些服务保障工作还需进一步加强……

常言道：“行百里者半九十。”越是接近成功，困难和挑战会越多。我们应该把困难想充分，把方案、预案想得更周到，把服务做得更贴心，把世博办得更精彩。

由此想到，做任何事都要坚定信念，持之以恒。只要坚定信念，就一定能够成功，世博会的成功经验，对我们的启示和教益无疑是巨大的。

毅 力 说

喜爱长跑的我，常以各种托辞三天打鱼两天晒网：工作忙，应酬多，下雨了，天气不好，等。我的长跑计划总是在这些看似冠冕堂皇的理由中中断，而我的一位住在厦门万寿山脚下的战友阿杜，一年365天，无论刮风下雨，无论酷暑还是寒冬，爬山长跑雷打不动。这就是毅力！

几乎同龄的我俩，何以如此反差？是我忙他闲，非也！现代社会压力大、竞争激烈，哪个人不忙，我与他差别就在毅力。

何为毅力？辞海解释为：坚强持久的意志。其实毅力就是恒久的意志，就是狂风暴雨中不屈的精神，是孤寂中的坚守，是不灭的信念，是一首不老的歌谣，是一种罕有的执著，是不折不挠的坚定。

毅力是水滴石穿的过程，是集腋成裘的累积，是愚公移山的蓄聚，是蚂蚁啃骨头的态度，是铁杵磨绣针的精神，是攻占敌人山头的勇猛，是倒下了仍然保持冲锋的姿势，是董存瑞炸碉堡的胆魄，是黄继光堵枪眼的牺牲，是邱少云执行任务的铁律，是革命军人特有的气势品质。

毅力是阳光下一粒疯长的种子，是困难面前依然豁达乐观地想方设法去解决，是失败后的不气馁，是跌倒后爬起来的继续前行，是获胜后的不骄躁，是扩大战果接着夺取一个又一个胜利。革命军人的毅力是永不低头，是气壮山河，气吞万里如虎的大无畏大气概。

我的“军代表”情结

人的一生有许多情结情缘，许多情缘情结让你终生难忘，一生受用。“航务军代表”之于我就是如此！当然这里还有我的国防交通情、交战情。

早跟军代表有缘，但那时不知，新兵入伍从鲁南到闽南，平生头一回乘火车，一路走来，铁路上的中转及饮食保障是军代表和军供站所负责（那是后来才知）。我的“航务军代表”情结便如是，这个情结在心灵的后花园发芽、拔节、疯长。

清晰地记得 1989 年 8 月 22 日 19 时 30 分，我乘坐的漳州到上海的火车准点抵达，头一次踏上上海的土地，开始与南京军区航务军代处结缘，与军代表结缘。

那时我的第一任职是管理员，分管军需、服务社、食堂等，开始了人生历程中新一轮赛跑。为了尽快适应环境，全面历练、提升自己，在航务处首长的关心支持下，我报考了上海大学文学院的中文专业和复旦大学成人教育学院的文秘专业，几乎把业余时间全给了读书学习。晚上和周末也不例外，悉数在听课读书中度过。难忘那些个曾经的过往——律动练达柔曼激情，像台加足马力的发动机，上班有使不完的劲，下班后也精神昂扬。

日子在充盈和满足中悄然滑过。一个偶然的机会我结识了南京军区宣传部的黄干事、《解放军报》的孔主任和林主任，在他们的关心协调下，几乎是同时：南京一纸调令让我到南京某野战部队工作，北京一个电话让我到《解放军报》学习。航务处首长明令：到首都北京学习深造可以，调兄弟部队就暂不要考虑了！就这样，1992 年 1 月 1 日我踏上了北上的列车，平生头一回来到梦中的“老北京”。我在首都北京可谓勤且艰、苦且乐。因为囊中羞涩，啃方便面，吃咸菜，即便是这般简单的食品，一天吃一两顿也是为常事。由于缺失营养，常有饥肠辘辘之感，很羡慕实习编辑李鑫（现为文化部主任）用开水冲鸡蛋汤喝，更羡慕他加班累了有太阳神滋补（好像是猴头菇太阳神）。大冬天的，我加班到夜阑人静疲惫不堪时，就铺上报纸在办公室席地而睡（因与他人合住，"寄人篱下"，住处有几道门早已上锁，怕打扰别人）。在后勤指挥学院进修学习的上海港军代处耿主任、浙江省航军代处江主任偷闲来看我，见此情形，泪水在眼眶盈溢。

春节至矣，万家团圆，耳闻远处熟悉的爆竹声，血气方刚的我却孤灯伏案作文，与寂寞为伍，真是五味杂陈，别有一番滋味在心首。

正是靠着这份坚守、执著、辛苦、热爱和不易，短短数月，70多篇各种题材的作品在《人民日报》、《解放军报》、《中国青年报》、《团结报》、《中国环境报》、《人民武警报》、《文艺报》和中央人民广播电台刊用，算是对我心灵的慰藉，亦是辛勤付出的回报。此事虽过去20多年，仍怀念那段温馨艰辛的时光，感念那笔巨大的精神财富。

学习归来，很快就被调整到航务军代处政治部当干事，分管宣传保卫、组织和群众工作。我用最短时间熟悉政治部的工作流程，向首长们学、向老干事学、向机关其他同志学、向基层学、向书本学。正课时间不够，就搭上中午、晚上、周末和节假日。就像鲁迅先生说的，我把别人侃大山、喝咖啡的时间用来学习写作。学习长知识，学习长力气。我向书本学，向实践学。遇有急难险重任务，都积极参加，泉州、漳州、宁波、舟山、厦门、福州、南昌、合肥等地重大活动留下了我的足迹。我一手抓新闻宣传，一手抓政工研究和学术研究，拿起笔，举起相机。新闻、政工研究和学术研究（记得当时还有对台宣传）获得大丰收，分管的好几项工作被上级和驻地政府评为先进。

1999年航务处政治部主任暂时空缺，党委指定我代理主任，当年我就在《解放军报》上了2个报眼（当时联勤部按头条统计），《中国国防报》又相继上了2个头版头条，加之政治部各项工作有声有色，学术研究、政工研究在联勤部也获得不俗成绩，当年在先进部处室评选中，政治部全票通过，年底联勤部为我记了二等功。此前，也因为宣传和政工学术研究成绩突出2次荣立三等功。尝到成功的喜悦，我的脚步更加坚实，2000年4月28日，撰写的厦门航务军代处适应未来战争需要，探索军交保障新形式，构建立体"大军交"的经验做法被《解放军报》头版头条刊发（创造了航务处在《解放军报》上头条的历史），全国二十多家媒体选载，该报还用了近两个版的篇幅又报道了厦门航务军代处的经验。

走近航务，熟悉航务，亲近航务，拥抱航务，不经风雨难得见彩虹。

2000年4月，被军区联勤部选调到宣传处，负责新闻宣传工作，尽管如此，依然跟航务有缘，采写刊发了一批航务军代处的稿件；反映建设华东地区军民融合港口码头的消息又被《中国国防报》头版头条刊用。尽管离开了航务军代处，只要航务处领导有指示，我总是抽出时间，想方设法去做，力争做得更好。

2008年3月，圆满完成赴江西抗雪救灾任务后，我又回到久违的航务处，4月3日赴任基层军代处主任，回到熟悉的航务处，一草一木都格外亲切，抑或这就是冥冥之中吧。

生命如歌，岁月如酒，人生就是一道美丽的风景。一晃到航务处整整5年，这份情缘情结难以割舍，浓浓情愫深深地镌刻在心图。

在军代表的队伍中，我从稚嫩走向成熟；在军代表情缘中，我的生命沉着而厚重。航务军代处，留下了我美好、青春、激情的流金岁月，这种美好甜美温馨充盈富有和幸福仍在延续并将恒久远。

岁月渐行渐远，感悟愈来愈深。从战争年代走来的军代表，当下已被赋予很多新内涵，军民融合式发展，经济和国防良性互动，作为桥梁和纽带的航务军代表用行动诠释着她的时代内涵。

我的军代表经历，同样见证着共和国的发展壮大史，见证着国防强大史、交通发展史。

航务军代表——一群神圣的当代军人的"代表"！航务军代表——中国军队中一支不可或缺的现代中坚力量！

人生学会做"减法"

近读一位传媒人"一个人围着一件事转，最后全世界都可能围着你转；一个人围着全世界转，最后全世界都可能会抛弃你。"的话语，触动心弦，颇受启悟。

人的成长，其实就是由简到繁，再由繁到简的过程。年轻时，有很多梦想，总想有更多尝试，根本不可能抓住每个机会和境遇，吸收更多东西，抓住更多机遇；等到慢慢成熟了、懂得了，才恍然一梦，人的精力是有限的，虽有不甘，但心有余而力不足，必须学会做减法。欲做杂家，难成专家。人的一生要集中精力做一件事，做一件成一件，做一件像一件。做减法的过程并不容易，人容易患得患失，怎样才能离梦想更近，放弃是为了另一种更好地坚持。

是啊！人的一生要做的事实在太多太多，诱惑也太多：权力、金钱、美色；干扰太多：贫富反差、全球一体化、西方思维方式、地球村、互联网等；想法太多：进退去留、升官发财等；放不下的更多……可是人的精力和时间又是那么有限。

不是么？人从一生下来就要开始接受启蒙教育，托儿所、幼儿园的孩子在一起就已经懂得攀比了。上小学中学大学为了分数和择校，竞争激烈，考孩子也在考家长。大学还没毕业就四处求人找工作，还不一定能找到心仪的工作，甚至根本就找不到工作。为了更好地生活，压力接踵而来，暗着较劲，比来比去，没完没了，患得患失，几乎耗尽心智。就在这些个不经意中，人到中年、老年、暮年。曾经雄心勃勃，立下一个又一个宏图大志，也曾经犹豫彷徨，想着法子干一番事业，到头来成就几何？大千世界、芸芸众生，轰轰烈烈、惊天动地者屈指可数，大都是平平淡淡、简单一生。

我这样的尴尬和困惑就有不少，儿时就梦想当一名优秀教师，站在讲台上面对着学生口若悬河，传递自己的育人之道（尽管冷不丁地客串一把，也偶尔被人唤作老师，那只是别人出于礼貌对自己的尊敬），由于种种原因未能如愿；因为初中时期就在报刊发表过小豆腐块，加之那时作文写得还凑合（出手快，那时语文老师规定每周必须交一篇作文，我一般都会写 3 篇），也曾经梦想当一名作家，结果也是在患得患失中主动放弃了解放军艺术学院作家班深造学习的机会；血气方刚时，有过好几次到大机关工作的机会，因为留恋大都市，当然还有其他现在看来很可笑的理由，在上个世纪九十年代初与大机关失之交臂（尽管后来到了机关，已经错失了一些机遇）；青春勃发时，某政府机关主要领导权且算是欣赏自己吧，要选调我到宣传部门挑大梁，又是在左顾右盼中错失良机（碍于直接领导的面子，也为了感恩）；作为文学业余爱好者，虽然也在不错的出版社出过散文随笔集，作品也登上全国不少新华书店的书架，但既没畅销，也未引起轰动……

当然，也曾有过很多鸿鹄之志和梦想，这这那那都在一些不经意的想法和大量的琐事中被消磨掉，有棱角的石头被岁月和想法的尘埃冲击成没有多少个性和念想的鹅卵石，一天又一天，一年又一年，日复一日年复一年。

曾经无端地慨叹世之不公，也抱怨千里马常有，而伯乐鲜见，根本没从自身找原因，我做得如何？这样可以了么？奉献付出多少？这样可以了么？奉献和回报、付出和得到的天平该向何处倾斜？其实平淡最真，平凡最充盈。不要想拥有太多，做惊天动地的大事，功成名就，永垂不朽。好多个事就是个过程，苛求不得。只要付出了，只要努力过，只要为之奋斗过，只要心无旁骛，心阔似海便可。

顶为重要的是，你做人生的减法了么？别患得患失，脚踏实地做些实实在在的事。在生命的大舞台，我们每个人都在扮演不同的角色，关键是要扮好这个角色，不要贪大求高，不要欲望太盛，不要好高骛远，不要心比天高。找寻最适合自己的角色最重要，哪怕很不起眼、很平凡也是有意义的！

人的一生很短暂，也很漫长，这是相对的，什么事可以做，什么事可以不做，要心如明镜。学会做减法，就是要坚持坚守地做一件事，无怨无悔地做一件事，做一件对他人对社会有益的事。

南非前总统曼德拉说过：“人最可怕的不是不知道自己的不足是什么，而是不知道自己的潜能到底有多大。”人的潜能是巨大的，就若山崖上生长的小树，力量超乎想象。“生命最伟大的光辉不在于永不坠落，而是坠落后总能再度升起。”这是一种有弹性的生命状态，我们每个人都要保持这种生命状态。

生命之重，重何如哉！做喜欢做之事，做有益之事，做利他之事，做利国之事，做利党之事，不挑肥拣瘦，不这山看那山，顾大盼小，而是咬定青山。比什么都好！

奋斗成就事业，梦想让我们与众不同。执著总有所成，奉献演绎精彩。我们坚守，故能成就！

柳叶飞絮：

报道员何振勇：品味此文，获益匪浅。为您深感骄傲和自豪。

生命随想

季节轮回，岁月匆匆，童年仿佛就在昨天。

站在岁月的舷梯上，禁不住慨叹：岁月流转，生命如此不经意。光阴快得措手不及，岁月转得无可奈何。儿时的伙伴儿，儿时故乡的一草一木，中学寒窗苦读，新兵连色彩斑斓的直线加方块，闽北军校的光景，乃至若干年前的风风雨雨恍若就在目前。

其实，生命就是一个过程，简单随意，像流星般悄然滑过，了然无痕。山山水水，万事万物，在宇宙间，沧海一粟。

花开花落，潮涨潮落，月亏月盈，平凡与辉煌，伟大与渺小，尊贵与卑微，在广袤的环宇中就都是一刹那。

所幸的是，我们都曾阳光开怀过，也曾郁闷纠结过。我们经历过苦难与辉煌，也感受过快乐与惬意。我们经历过曲折，也享受过荣耀与自豪。我们拥有人间真情，也曾经被无端委屈过。我们幼稚成熟过，焦灼懵懂过，也果敢骁勇过。我们愤懑感情用事过，也理性坚守过。我们矛盾彷徨裹足退缩过，自以为是草率莽撞过，也特立独行刚毅坚守过。在军营这所火热的大学校里，我们砥砺真实，我们坚持守望，为了共和国的和平安宁，我们奉献付出，我们将青春岁月“和盘托出”。我们随意率真，不卑不亢……在这些个过程中成长着、进步着、成熟着，感悟人间百味。

哲人云：不要怕，不要悔，一切都将过去，唯有真理和真实永存。真理无价，真实有时比生命更重要。与人为善，大气谦和，享受工作，享受生活，惜时如金，追求极致，莫负青春好年华。

生命就是一个过程，这个过程，就若田间绿油油的麦苗，她是经过种子的孕育、发芽、破土，还有严寒、阳光、雨露，才如此娇美示人的。就像白云，是为了衬托太阳的光辉，才循声而去的。就像落叶，是为了彰显金秋的壮美和灿烂，才与大地为伍。生命，就在这些个不经意间厚重、放大、写意，而又光鲜异常。

生命之伟大，还在于永恒。一草一木，天地江河，日月星辰，生生灭灭，生命在恒动，生命如此壮美。日出日落，云聚云生，来无影去无踪，来来去去。生命之所以伟大，还得感谢隆冬，感谢春天，感谢酷夏，感谢金秋，感谢生命中的每一个季节，每一个时间碎片，每一个不经意……

站在岁月的舷梯上，看来时的路，脚印又深又长，胜不骄败不馁，无论何时何地，请把你的微笑留下，留下微笑就是留住快乐，留住快乐就是留住生命，留住生命就是留住永恒。

人生起起落落，生命是一道美丽的风景，生命是一道完美真实的过程。是啊，对于生命，任何人都有选择更好方式活着的机会和能力。季节是岁月的传呼机，心情是生命的季候风。人生苦短，人生不易，短和不易让你甚至无暇恨一个人。活着就是一种幸福，有尊严，幸福快乐地活着就是大福，当然活得真实、活得惬意而充盈更是放大生命，拓展延伸生命的长度和厚度，意义非凡。

永远不要拿自己的人生跟别人比较。拣拾快乐的童年永不嫌晚。莫等待，凡事趁早。解读生命，感悟生命，品味生命，珍惜生命，热爱生命，尊重生命。真实地经历风雨，真实地拥抱生活，在意每一天，在意每一事。自信人生两百年，会当水击三千里。是为精彩的人生，大气的人生，充盈丰富的人生！

柳叶飞絮：

南京帅哥袁建新：拜读生命随想，不禁令人神往。潘正军：感觉真好，为生命喝彩，为美文鼓掌！

跑步生活

鲁迅公园之于我，可谓“福友”，它是我长跑之所在，它是运动之福地，几乎朝夕伴我。只有在公园关门时，我才到虹口足球场尽情运动。

跑步运动之于我，那真是裨益颇多：精神头足，精力旺盛。心态阳光，工作效率高。灵感多，激情常伴。不夸张地说，连运气也好。说起长跑，还得追溯到儿时，玩伴之间的追逐嬉戏一直延续到初高中，那时在整个年级段，我几乎每次都获得长跑比赛的前三名。从军之后，我连续 6 年夺得单位万米赛的第一名，有一次还获得福建省漳州市千人万米通讯赛的前三名。在长跑中长了身高、强体健脑，后来由于诸多原因，长跑之于我便断断续续起来。如今人到中年，又捡拾起年少时的爱好。

一位战友说得好，随便哪种爱好只要你能连续坚持 21 天，它将会变成你终身的爱好。长跑运动，我已经坚持好几个月了，深信这个习惯将会伴我终身。其好处的确不少，请容我慢慢道来。

接大地之灵气。无论在哪里长跑、运动，感觉最直接最明显的，就是接大地之灵气。蜗居都市，钢筋混凝土的城市森林，人们大多数时间离开大地，缺的就是地气，这地气乃是生命之源。不信，你到公园、河边田畴去跑跑，脚踩绿色满目的小道，有小湖、小树、绿草、造型独特的假山甚至是自然的小山作伴，尤其在春意盎然的四月天，选择随意舒适的速度跑，那是何等畅然爽快、给力愉悦。公差到山区，面对着周遭奢侈的负氧离子“发生器”，悠然地跑着，呼吸着新鲜空气，眼见着脚下的地气弥漫飘转，补身补脑又补心。关于跑步，着实有过很多美丽的记忆，曾经有过赣江边上优美环境的自由跑，有过鄱阳湖畔亲近自然近乎跑步的速走，有过鹭岛厦门海边栈桥及沙滩的慢跑，有过北京后海边的随意慢跑，与自然融为一体，真是其乐融融。倘若回老家农村广袤的小麦田，跑上半个小时，那是何等的享受啊，你一定会醉在这美丽的田园风光里，醉在这自然健康真实随意的地气之中。

“悦”众“生”之相。这里的“悦”是开心地看、愉悦地欣赏之意，“生”自然是指跑步周围的人和万物。跑步的收获，自然是愉悦身心。跑在春天里，跑在无边无际的旷野里，你会不由地被沿路的风景吸引。那些生命力极其旺盛的小草挂满晶莹剔透的露珠，在晨阳下闪烁着惹眼的光芒，那该是怎样的美丽。那些稻儿等农作物，那些蚂蚱虫儿、鸟儿，还有葳蕤挺拔的小树，养眼养心又养身，怎不令人迷醉。在公园里长跑，你会看到一些固定的“跑友”：老年长跑队，看着他们的精神头、看着他们的速度，你怎么也想不到他们都是些退休老人，你一定会被他们那股韧劲和气势感染，不由得脚下生风。还有每天几乎同一时间出现在同一地方的速走搭档；极其投入，如置身自己国度的“老外们”；快乐的老年秧歌队、人气倍旺的交谊舞群体；地道的苏州评弹、很是范儿的沪剧发烧友、味道十足的京剧票友们；湖边幸福的垂钓者……读众生相，你的跑步兴趣会陡增。融入这样的自然之中，会有怎样一番感慨！这是运动之外的收获。

强身健体。跑步之要义和内核是强身健体，极致是锻炼身体。一位哲人说过：“跑步就是医生。”一开始跑，未必感受得到个中奥妙。随着时间的推移，你会觉得，轻松畅达，气血流通，经络畅达，通体活络，利关节养筋骨，畅神智益五脏，舒舒坦坦。坚持久了，不仅气色好了，精神头足了，脚上、腿上有劲道，睡眠也会很踏实。持之以恒，延年益寿。工作效率提高不说，人自然处于一种罕有的昂扬状态。在循序渐进、恒久的运动之后，我的体检指标由一开始的不太正常，到渐趋正常，到个别指标略超一丁点儿，我深信过一阵子就会降至警戒线下，加之我的毅力、坚持和坚守，指标一定会更好。有了这种习惯，单位组织的体能训练，确实是小意思啦。不仅不觉得累，每每体能测试都取得不俗成绩。这就是锻炼的最大功效，这就是跑步的最好回报。锻炼使我筋骨强健，跑步使我身心愉悦，精神倍增。感谢生活，感谢命运，感谢跑步，感谢运动。这让我的工作学习和生活进入良性循环轨道，阳光心情，激情工作，品味人生，惬意享受。

灵感之泉奔涌。心脏学之父怀特提出：“跑步不但可以逆转冠状动脉硬化斑块，还能明显使体型健美、脂肪减少，达到减肥目的。更重要的是能使神经系统功能尤其平衡功能改善，并改善思维，使情绪变得愉快、思维变得敏捷，从而变得更聪明。”这灵感是在忽有一日运动之后，冷不丁冒出来的，随后灵感儿不期而至。我在长跑中，添灵感，升境地，悟人生。这是以前我从没想到过的意外收获，在我的业余创作生涯中，好多作品是跑后偶得，获奖作品及被中学生作文网作为2012年全国高考语文模拟试卷选中的文章，皆为运动后灵感迸发而生。我的《走进同一片阳光》一文，是回鲁南老家晨起长跑后，看着金秋的早晨农村，美不胜收的田园风情，朴实的老乡，悠闲的草狗，自在的小鸟，沉甸甸的大豆，火红的辣椒儿，便有了创作这篇文章的灵感，于是情注笔端，一气呵成。连续两年被《解放军报》思想论坛评为优秀文章的《给党员干部好形象"画"像》和《锤炼思想从"心"开始》的创意都是跑步中偶得。有了这种美妙的感觉和收获，长跑运动在我生命中便是真的不可或缺了。

年少懵懂时跑，年长成熟时跑，年老迟暮时跑。运动朝夕相伴，长跑如影随形。长跑之于我，如同读一本好书，晨曦微露时读，正午艳阳时赏，月上枝头时看。长跑运动已经成了我生活中的一部分，成了我生命中的一部分。他是我的加油站、助推剂，他是我的乐活元素。感谢长跑，感谢我生命中快乐运动的每个点滴。

柳叶飞絮：

涛荣：读书、跑步、喝茶，多有味道的生活，向葛老师靠近。

踏石篇

寻常真实裹大气，石之风骨罕可比。

金戈铁马书胸襟，踏石留印真英武。

——子言

日子寻常人欢笑，简单寻常真生活。何谓伟大，把平凡小事做好就是不平凡，把平凡累积起来就是伟大。平凡之中有非凡，平凡之中有境地。

水滴石穿，聚沙成塔，集腋成裘，涓涓细流汇大海。善于做小事，能做小事，从小事做起，就是不简单。不简单，方能担当。

宛若寻常一段歌，任何时候都要踏实，踏实是一个人的本分，踏实是种能力，踏实是水平，踏实是素质，踏实是一种高境界。抓铁有痕，踏石留印是我们必备的作风。

小 店 人 生

人世间有许多奇妙事，许多奇妙事会让你咀嚼玩味一生。

小店名叫“合肥夜宵”，位于无锡太湖之滨一个叫荣巷的地方，还有个名字叫“合肥大酒店”。记忆深处不知是第几次光顾这个名不见经传的小店。第一次到这家小店是几年前的事，加班至深夜，朋友提议到“合肥大酒店”补充点能量，再开“夜车”。

听说到大酒店宵夜，我坚决谢绝：一是太晚，二是不想让朋友破费。

朋友嘀咕着，就在附近，还是去一下吧。我尾随前行，商铺都打烊了，马路两边是斑驳的路灯，看不到明显亮灯的饭店。

三五分钟光景，朋友示意到了。我极力搜寻，怎么也找不着。顺着朋友手指的方向，我看到了被称为“合肥大酒店”的店家，马路边路基下，一家简陋得不能再简陋的小饭店——“合肥夜宵”。说是小饭店，还有些抬举它，充其量也就是个规模不大的大排档。

店名不起眼，店面也小得够呛。门前破损的水泥阶梯通向马路，老旧的玻璃移门勉强能通过一人。跟儿时家乡村头破旧小卖部无二致。

进入店中，就几张简易的塑料方桌和塑料圆凳，别无长物。这就是传说中的“合肥大酒店”？朋友见我狐疑，莞尔一笑：“正是，正是！”

经了解，店主是合肥农村到无锡打工的一对夫妇，几年前租了这个门面，靠勤劳诚信，农家土菜和纯正的乡野口味，土土的环境，便宜公道，绿色低碳加上通宵营业，赢得了满堂顾客。我自然也成了只要到无锡公差便想着法子光顾的铁杆回头客。

淳朴、简单、寻常、平凡，带着浓浓的草根味，这是我对它的第一印象。在这里，儿时乡村的感觉会端地爬上心头，这是都市人无法体悟的。

前不久，与上海的一干朋友到无锡出差，自然又想起了他。方知大酒店的雅号是一位智者加班偶至取的，小店自易名后，生意异常火爆，“合肥大酒店”便在朋友中流传开来，“合肥夜宵”鲜有人提及。

进入店里，上海的朋友比我第一次还要诧异，见多识广的范兄瞠目结舌：好“大”的大酒店啊？他对店家环境设施的不堪开始善意的小讽，智慧玩笑的话语，逗得大家捧腹。从难觅的小店名，到满是灰垢的营业执照；从破烂不堪的电表盒，到几乎跟牙签大小的筷子；从油兮兮的塑料桌椅，到罕有的“老爷冰箱”。揶揄的话题俯拾皆是，店内所有的物什都成了他的笑料。

你开你的玩笑，店家却全然不顾，仿佛你说的话题根本不关他的事。夫妇俩投入地待客，忙得汗流浃背，脸上洋溢着轻松惬意的笑容，真实自然幸福，充满着满足感。任客人们逗乐玩笑，海吃海喝，店主尽情地享受着这个过程，快乐着客人的快乐，幸福着顾客的幸福，简单着自己的简单，享受着满足的小店感觉和愉悦。

玩笑直到一盘螺蛳上来才戛然而止。螺蛳一入口，便赢得众人拥趸，绝口赞好。店家赶紧追加了三盘。不到几分钟，一盘已经被消灭掉。大伙迷醉地享用着，个个俨然“螺蛳达人”，小店里吸嘘声此起彼伏，直到店里的螺蛳被消灭殆尽。

大家在“农家乐”中，畅然交流、惬意共鸣、开怀欢笑。这是任何豪华酒店所不能比的“饕餮”盛宴。

一位朋友不知何时动情地哼起了电影《冰山上的来客》的主题曲，店主也跟着客人们尽情地享受着这个氛围。

简陋至极，破烂不堪，土得掉渣。兴许这就是小店的魅力所在，这也是小店如磁石般吸引顾客的缘由。

蓦地，又有人哼起了王菲的《传奇》来，满屋子的“天籁之音”，小店洋溢着罕有的艺术气息，也让我想起了“草根组合”——“旭日阳刚”的《春天里》。

忽然店外下起瓢泼大雨，店里也跟着下起小雨，店家赶紧拿起盆子往屋外倒水。风声雨声欢笑声，构成一曲和谐的友情奏鸣曲。夜色、雨水、狼藉的螺蛳壳，和着小店的简易灯光，构成一道质朴而不失情趣的风景。让人想起庄子的“独与天地精神往来”，小店虽无豪华的设备和高档物什，却盛满浓浓的人情味儿。没有任何雕饰，却弥足珍贵。在店主心里，小店虽破，但它的那份温情却是富丽堂皇的皇家宫殿远远也比不上的。

谁都有梦，小店便是这对夫妇梦开始的地方，因为这里有难以抗拒的独特味道，有土得掉渣的美艳，有原生态的随意真实和人生况味。

小店大世界，小店真人生。

柳叶飞絮：

此文在《新民晚报》“夜光杯”刊发后，短信接踵。厦门陈小清：美文。人生最美好最值得回味的不是金碧辉煌，而是那些土、纯朴、简单，就像小店，一辈子都会留心底，回味无穷。

福州林琮：小店人生看了，一如您自然纯朴谦和的个性，有同感，行至一处，总会留下些看着不入眼，却很入心怀念的人、事、物。就像您喜欢的海蛎汤、海螺等，还有那山间野外的花草乐园，都是自然天成。高雅自是追求，但雅趣雅量的情怀不是人人可得，纯朴天然的本性不是人人能拥，最看重的仍是心情、友情和谈话交流的乐趣，别有一番含义。

北京刘和平：市井百态，平凡人生，语言精当流畅，描述细腻，构思亦巧。粗读觉有上世纪农民作家郭澄清风格。

谷相国：“小店感悟让我深深地感受到老兄的根和心还是在最基层，妙笔生花的源头是您对底层人员的关注和感情的自然流露，让我们这些从农村走出来的孩子有了共鸣。读着美文，似如老兄闹中取静、体味乡情、感悟人生！悠哉悠哉……

那年·那月·那人·那事

紧巴巴的伙食费

二十多年前，我在闽南第727野战医院当兵，闹不清是几类区几类灶别，只记得战士伙食费标准每人每天只有7角。正在长身体的我们，每天的伙食费都是紧巴巴的，谁也不敢放开肚皮吃。

医院没什么开源项目，驻地是贫瘠的小村庄，官兵只能靠“皇粮”度日。每至月底，司务长都会把下个月定量的饭菜票悉数发到我们手中。就餐时，大家想着法子跟炊事员套近乎，用希望和感激的目光，渴盼着打饭菜的战友手下留情：菜票少收一点，饭菜多打一点。殊不知，这是我们一厢情愿，食堂有经委会，要搞成本核算，每月要公布账目，这等“跑冒滴漏”，自然只是空想。

至今还清晰地记得，我到部队后碰到的第一个“三八”妇女节。那天一大早，食堂的售票窗口挂起了一块小黑板，赫然写着：为庆祝“三八”妇女节，女兵放假半天，每个女兵早餐免费供应一个荷包蛋。看着女兵们惬意地享受着免费的荷包蛋，男兵甭提有多羡慕。吃饭海量的大块头小王，早已垂涎三尺，脖子伸得老长，嘴巴子凑到江西籍女兵小贾已经夹起的荷包蛋近前。“想蹭吃没门，天下没有免费的蛋，要不你也变成女兵。还不快把你的‘猪手’拿开！”大个子小贾半真半假地揶揄着，边说边用筷子打着小王伸得老远的手。“阴谋”没得逞，还挨了女兵一顿“驳斥”，小王一阵脸红：“有什么啊，不就一个荷包蛋么？下辈子俺也变成女兵！”

在场的男战友，谁都想客串一回女兵，享受一把免费荷包蛋的待遇。女兵们都盼着天天过“三八”妇女节。

这是只有那个特定年代才有的经历。都是穷惹的祸。时过境迁，今天的战士谁还会为几个荷包蛋而折腰。挑剔的食蛋者连蛋黄都不吃了，牛奶蛋糕配可口小菜的早餐、四菜一汤营养均衡的中晚餐，尽管尽情地吃。咸菜、萝卜干加馒头，吃不饱的年代一去不复返了。

不算宽裕的津贴费

我是冬季兵，当兵的第一年津贴费好像每人每月是 8 元，只拿了 3 个月，我就进入第二年，开始拿 10 元津贴标准。每月增加了 2 元，在那个年代已是相当可观。

说出来不怕寒碜，我是这样支配那少之又少的 10 元津贴的：6 元购买贴花奖(跟今天银行的零存整取有点像，主要是家里穷想积蓄点钱)，2 元一张，每个月贴，贴满一年方可兑奖。其实，我买贴花并非为了中奖，因为家境不好，经济拮据，逼自己存点钱，年底寄给父母亲，表表孝心。

再者，儿时受够了苦，想通过这一形式培养节俭意识，珍惜来之不易的今天；2 元用于购买学习和牙膏牙刷等日常生活用品；剩下的 2 元，凑到 15 或 20 元寄给父母亲，或留着急用。不怕战友们笑话我小气扒拉，那时就是这种状况，搁到现在想都不敢想。

听说，现在第一年兵每人每月津贴费 200 元，第二年 240 元，与我那个时候比简直就是天文数字。我没做过调查，现在的义务兵津贴费到底怎么花，单从他们吃穿用足以见得，今天的战士吃得科学营养，穿得洋气时尚，幸福自豪指数也倍高。

这是时代催生的结果，这是社会发展的馈赠，这是历史之必然，这是多少代军人共同努力的结果，这是我军发展壮大之必然，这是中华民族之大幸。

令人惊喜的微薄稿酬

有着写作爱好的我，新兵入伍的第一天，就拿起笔写文章。

1983 年 1 月，新兵训练结束分到闽南第 727 野战医院后，我隔三差五地给驻地——福建南安县（现已改为那南安市）人民广播站写广播稿，每发必中，还收到令人惊喜的稿酬，少则 4 角、5 角，多则 1 元。虽然微薄，但对我来说已是一笔相当可观的收入。

每回收到稿费通知单，我都会按照县广播站的要求，一阵小跑到水头公社（我们医院驻地公社，现已改为水头镇）广播站取稿费。负责此事的是个长者，他夸我勤奋好学能干，将来一定会有出息。说心里话，日后有没有出息，我并不知道，但我坚信：付出必有回报，坚持必有所成。

拿到稿费后，第一件事也是我最高兴的事，就是到公社新华书店购买书籍、字帖、毛笔和墨汁。现在，我的不少文学藏书、字帖还是那时用稿费买来的。鲁迅先生的《华盖集》只要 3 角 3 分，《汉张迁碑》帖也只需 5 角，最贵的《汉语成语词典》（上海教育出版社出版）也就 1 元 7 角 5 分。

在微薄稿酬的滋润下，我看书习字写作，在知识的海洋里畅游，物质精神双丰收。身高和体重也不断增加，日子快乐，惬意充盈，我如是探求着。

令人羡慕的“小皮鞋”

我们医院有个干部，战士都管他叫“王排”（他是管我们这些兵的排长，在我们眼中“王排”算是个大官了）。“王排”来自江西省一个地级城市，因为家境好，平素很注意修饰，穿着特考究，“四个口袋”（当时干部服四个口袋）的军装整得挺括刮的，脚蹬军用制式“小皮鞋”。因为个子不高，他一天到晚总是神气活现的，头发梳得油亮油亮，皮鞋总是钉着铁掌，“小皮鞋”每天擦得油光发亮、一尘不染，走在闽南石头铺就的路上，“嘎嘎”作响，大老远就知道是“王排”驾到。如今，战友只要一提起他，这段记忆总是被提及。

“四个口袋”、“王排”那样的制式“小皮鞋”，成了当时战友们艳羡的“标志性”符号和每个战士追逐的梦想。谁都会寻思着有一天，安徒生那样的童话能在自己身上变为现实——穿上“四个口袋”，脚蹬“王排”那样威风凛凛、锃亮锃亮的制式“小皮鞋”。这些个愿望，今天之于我早都变成现实。

这是改革开放的巨大成功。我国已成为全球经济体中的佼佼者。用购买力平均价计算，则是第二大经济体。中国经济已经实现了不可逆转的历史再造，被全球公认为“中国奇迹”。

祖国在变，军营在变，人民生活如芝麻开花节节高。一切的一切都在生发着翻天覆地的变化。中国这艘巨轮正乘风破浪扬帆远航！

我们为生逢这样的好时代而欢欣，感谢伟大的中国共产党！

普洱生活

上个世纪八十年代在闽南当兵认识了铁观音，直至着迷般地喜欢上了她独有的馨香和非常的味道，雅致清幽，有一点点贵气，铁观音就这么种在我的心田。同时结缘的还有一种用普通纸包着的土茶——安溪乌龙茶，常在当地农民家中见到她的尊容，与农民兄弟在农村石条垒砌的平房中共饮，味道亦是正宗得很。

后来有幸到武夷山下的军校读书，山的灵秀，温润的空气，自然纯美的万物，给武夷山茶提供了罕有的养料。于是乎大红袍、正山小种、肉桂等名茶，走进了我的精神味觉。肉桂的武夷山味儿甚是特别。正山小种黑中透着暗红，有些许微微烟熏的味道，淡苦中透着一丝甜，不腻不拖，特耐冲泡。大红袍除了兼具前面两款茶的优长外，几乎集武夷山岩茶之精华于一身。灵动的兰花香，香高而持久，“岩韵”明显。品之，如亲近拥吻自然。有位大书法家曾为大红袍吟赋：“绿叶镶边兮红袍罩身，善缘接善兮一泡心宁”。品尝着岩茶之巅的禅茶韵味，武夷山茶也深深镌刻在我青春飞扬的心图。

本世纪初，由于工作原因，我辗转到了具有深厚文化底蕴的六朝古都南京。稍长我些年纪的茶痴朋友老宋听说我爱茶，推荐我品品普洱茶。儿时听说过，但从未一试。

一个清闲的傍晚，稍长我些年纪、喜爱收藏的茶痴朋友老宋约我到明故宫附近的天福茶庄，服务生见他光临又带来新朋友，热情地介绍，旋即将泡好的普洱茶送至我的手边。这是我的“普洱处女品”，说实在的，对她的第一印象真不敢恭维。鼻尖弥漫着一股夏季下雨天老家农村猪圈里才有的味道，土土的褐色，实在看不出什么特别的潜质，除了闷闷的涩味，使着劲也品不出任何特别之处。老宋胸有成竹地问我的感受，我违心地敷衍着“好、好”。

回到宿舍，左思右想，心有不甘。老宋隆重推荐的普洱茶难道就这个味道？一个周末的午后，我独自来到天福茶庄，请服务生再泡一款普洱茶，平心静气地品咂着，不知何故，这款普洱茶味道突然变得特别起来，连色彩都鲜亮好看了。微苦中带着淡淡的涩，浓郁芬芳，口感滑润，回甘生津，厚重悠长，层次分明。独特的香气在嗅闻吞咽时变幻着，有种叫活力和穿透力的东西油然而来，感觉柔韧如丝般怡人清新，雨后深山丛林中的地气从心底翻飞。

再喝时，额头和背部汗儿微沁，头脑变得渐渐清晰起来，整个人如置身山野中，与自然融为一体，嗅觉里充斥着山间的草腥味，一缕微风轻轻拂来。忽地，我与普洱茶真的就难以割舍、不离不弃了。

普洱茶中最喜是熟普。最有感觉、最幸福的品味是周末酣畅淋漓的长跑后，稍稍填填肚子，独自静静品之，那真叫绝。耳听美妙音乐，品之，只觉通体舒畅，身体的诸多经络都被打开，提神醒脑，神清气爽。如与历史握手，似与古人对话，童趣、成长便在这茶中。另一位茶痴小朋友与我的普洱茶感觉感同身受，常与我品茶论茶，交言甚欢，使我的“普洱”兴致更浓。

喜之爱之，就像吃葡萄，总是先吃普通的，再吃最好的。喝普洱茶亦如是，总是会先喝我认为普通的茶，再神圣地品味“普洱”，像做一件非常有意义、非常愉快的大事。春天般的感觉在心底升腾，充盈富有，酣畅至极。

喝“普洱”犹接地气，袖里乾坤，禅茶一味，一切尽纳于这不起眼的杯中。有了这份精神体验，人仿佛进入禅定，惬意舒适，曼妙放松，意味幽远，欲念、繁杂瞬间都被驱走。

普洱的精妙为越来越多人所熟知。赵学敏在《本草纲目拾遗》写到：“普洱茶味苦性刻，解油腻牛羊毒，苦涩，逐痰下气，利肠通泻。”宋士雄在《随息居饮食谱》写到：“茶微苦微甘而凉，清心神醒睡，除烦，凉肝胆，肃肺胃，明目解渴。”因为普洱茶是唯一后发酵型茶，茶碱、茶多酚等有害物质在长期发酵过程中被分化掉，品性温和，能促进新陈代谢，具有消食排毒、消炎降脂、美容减肥、凝神降压、抗动脉硬化、防癌抗癌、健牙护齿、杀菌治痢、降低胆固醇、抗衰老、醒酒利尿等功效。春可养生，夏能祛暑，秋可强体，冬能保健，其保健功能可以独占“茶林”鳌头。不像有的茶易伤胃、致失眠。

普洱茶又被行家称作“入口的古董”，因而必须慢慢品。现代社会的快节奏，人易紧张劳累，喝普洱茶可以让心情慢下来。慢是一种生活态度，慢生活，慢跑步，慢思考，慢发火，慢说不。慢是种心境，慢是一种从容，慢下来才能在关键时刻拿捏好。

周末约几好友，远离俗世，于安静处品味普洱茶，领略“普洱”的真谛与神韵，感受那份独特的散淡和闲适，体味生活的从容与安宁。林语堂在《人生的盛宴》中感慨：“能闲世人之所忙者，方能忙世人之所闲。人莫乐于闲，非无所事事之谓也。闲则能读书，闲则能游名胜，闲则能交益友，闲则能饮酒，闲则能著书。天下之乐，孰大于是？”普洱茶的慢，就是一种从容的闲适。

普洱茶要慢慢品，人生要一点点过。鲁迅先生说得好，“有好茶喝，会喝好茶，是一种‘清福’。”喝普洱茶便是一种“清福”，品味普洱茶其利大焉。劝诸君都来喝“普洱”！

柳叶飞絮：

《新民晚报》“夜光杯”刊发后，合肥军宏姐发来短信：读文如品茶，竟又随文品了回普洱，原来清新纯净和香正浓郁可同时兼有，妙不可言！品文如品茶，茶中见人品，人品比文美，文比茶香。真是倍受鼓舞。山东谷相国镇长：品普洱，同时在品味生活，体味人生。茶学专业研究生冯娟娟：徜徉在茶世界里，快乐无限！

动车随想

2009年秋，因为要去南京退掉陪伴我多年的公寓房，又一次登上久违的沪宁动车。说来也巧在D5406次列车上遇上了久违的朱车长，听说表现出色的她不仅自学本科，加入了中国共产党，且早已荣升为队长。眼瞅着这些年她与铁路一起“提速”进步（她原来是紫金号列车的乘务员）。

伴着“呼哧呼哧”“铿锵铿锵”的车轮声，我的思绪也随之飞扬起来。

转眼离开南京已有一年多，看这狂速发展的列车，觉着当下的心态又是何等尴尬，离南京时间虽然不长，但原本熟悉的南京变得模糊和渐趋陌生来，早年熟悉的上海因为离开十载变得半生不熟的。这是工作赐给我的财富，也是人生最为宝贵的心路历程。

是啊，工作在别处，生活在别处，梦的方向在哪？心究竟在何方？那些个曾经青春激昂的情愫置于何处？心随梦动，梦随心求。抑或留在生活过的每一个周遭。感性、率性、真实，唯有珍重之。

这个动车的停车频率忒高，播音员的提醒声不时传进耳鼓，上海渐行渐远，晴晴的上海被甩在车后，前方的天空突然有阴云袭来，抖落起小雨来，小雨密集地打在车窗玻璃上，莫名的伤感幽幽袭来。车厢内芸芸众生，心事各怀，有看书的，有打着盹儿的，有接手机的，有聊天的，有静思的，有走神的，有漠然的，有听音乐的，有沉醉的，有无助的，有读他人的，有欣赏窗外景致的，有打电脑的，有发短信的，有感怀的，这就是生活！平淡平凡，这些个生活碎片累计相加不就是伟大神奇的生命么！

车厢内的嘈杂裹夹着滚动的车轮声仍难挡寂寞这个陌生的熟客来侵扰，有些无助聊赖。回眸曾经的过往，细数来时的路，不觉已过不惑，这伟大而又该感谢的铁路，沪宁两地竟足足乘坐了十载。因为铁路的提速，提高了效率，也使得归期在期盼中变得不再那么煎熬。叹！叹走过这些个曾经的酸甜苦辣，这些个孤身一人的日子，这些个有时是难以打发的缥缈时光。因为，赶走寂寞是需要一种常人难以企及的境地的，因为这些年着实是我人生的黄金段。

加之上海还有年逾古稀、体弱多病，有时需要我照顾关心的父母；有温柔贤惠担起家的重负、点亮家的晴空的妻，她从无怨言；有些刁钻可爱、暖暖融融，总是带给我快乐的女儿。故常是身在古都，心在上海，在如是工作态势下，既要错落有致，又要出政绩，那需要怎样一种毅力。

有时会自我评价一番：这是伟大的毅力和崇高的情怀，可贵！如是考量，如是思索，如是权衡，曾经的这这那那都变成美妙而又略带些复杂的回忆和财富，这财富弥足珍贵。

骑上思想的青牛，身下的动车依然心无旁骛地全速前行，丝毫不受乘客情绪的影响。其实，这动车不就像人生一样么？急缓徐疾，行色匆匆。一如车窗外寻常的都市，朴实的村庄。忽而直线，忽而转弯，走走停停。

脑海中蹦出：生命、自然、平凡、伟大、懵懂、成熟、温暖、纯朴、喧嚣、宁静等关键词来，拷问生命的要义到底是何？我陷入了一次又一次长久的沉思中。

小心翼翼地试着找出了如下答案来：把物欲降得低些再低些，真实平淡，孝敬父母尊重长者，爱妻子爱孩子，善待他人，多做好事善事，积善成德而神明自得，把自己的事做好，履好职尽好责，有几个好友益友，快乐就能放大，幸福指数就能提升，把人生演绎出最大值，兴许这些就是人生的大要义。

乘着动车，心情别样，忽然就有些个想法来，遂拿起笔在随身携带的《领导文萃》杂志广告插页上写下上面这些文字来。

动车仍若任性的孩子般顽皮地狂奔着。

是啊，所有的伟大不都是熬出来的么！

春天畅想

岁月如酒，季节如风，春天如梦。万物萌发，春姑娘舞动窈窕的身段儿，给春天赋予了太多的美丽和遐想。

春的代表色是绿色，绿色是有着许多生命表征的颜色，她会让你无端兴奋，也会让你淡定沉稳。这个柔曼诗意、俏佳人的季节，谁不神往，谁不钟情？

在这个季节里，有着太多的山花烂漫，曾经的过往变得温馨从容，惬意的当下变得甜美悠长。如是季节里，谁都会奏一曲春的绿色生命圆舞曲。

人勤春早，春生夏长。农民忙播种，我们该如何？蓄积能量，赶紧准备好了，为新的一年，开好头，起好步，准备好展身手、亮拳脚。

生命如歌，春色满园，激情萌动。自然神奇，万物吐绿，养眼养心又养神，一切变得灵动生气，趣味盎然。

春色极好，绿涨满山野，涨满田间，涨满都市；春风那个吹，伴这春风、春色、春潮，一身国防绿，绿得更纯，绿得更鲜，绿得更艳，绿得更浓，绿得更烈，绿得更静，绿得更重。

这是怎样的绿啊？轻轻地揽一抹入怀，很能让人迷醉，醉在这神圣诱人的春绿当中。读这绿人们周身细胞被激活，可以满怀豪情地投入工作了。

春华秋实，春意高涨，春心涌动。每个人像加足了马力的机器。一年之计在于春。惜时惜今，珍惜当下，珍惜每一分每一秒。因为春天正是“砍柴”时。

春夏秋冬，春为四季之首，在这孕育的季节里，乘这翘楚般的季候风，春心在生根，春身在拔节，每个人都能谛听到这自然的春音。

珍惜这恋爱般的季节吧，一如豆蔻般高洁的怀春少女惜爱自己的双眸。惜春，就是拥着未来。惜春，就是揣着希望。惜春，就是成就灿烂辉煌的明天。

站在新的时间年轮，你准备好了么？做该做之事，做能做之事。新的姿态，新的状态，新的精神，新的风貌，新的思考，新的境地，新的动力，新的手笔，新的转身，新的希望，新的梦想，新的征程，新的起点，新的辉煌。

风雨彩虹，步履铿锵。让我们与春天约会，大步流星地走在新的征程里，走在春天里，疾驰在春风里！

忽然想起一首《春天多美好》的歌：春天来了，春天来了，春雨绵绵，春花多娇，大地飞来布谷鸟。山岭在笑，江河在笑，哎啊哈……

我爱这春色，更爱这如春绿般的国防绿！

柳叶飞絮：

上海才女蒋蕊：清浅流年，又走到岁末的渡口；光阴无涯，又一次生命的回眸；纷飞的瑞雪在枝头凝成暗香，和煦的冬阳掩映着春的问候。陌上花开，静心拥有；红尘有爱，相扶相守；万水千山，一叶兰舟；你若安好，便是晴昼！ 新年好！ 未来美！ 日子甜！ 人欢笑！

追梦少年：懵懂的日子

冬去春回，岁月更迭。一晃，今年又过了四分之一光景。看着新兵战友们陆续下连队，我想起了十九世纪八十年代，自己的新兵生活，我是17岁步入军旅的，17岁当属少年，追梦少年那些个懵懂的往事就这么涌上心头。

班长教我普通话

我的新兵连在闽南龙海的一个小镇上，小镇有个美丽的名字叫角美。我们分部教导队就在离镇子不远的小山村里，我的新兵生活就是从这儿开始的。

训练间隙，初入军营，身在异乡，老乡之间难免用家乡话叽里呱啦一番，打发寂寥的时光。训练第三天，我和几个老乡神聊正酣，一边的江西老表一脸愕然。这时我们的班长走了过来，用比较标准的普通话和风细雨般地开了腔："战友们，知道我为什么到你们中间来么？且听我慢慢道来，你们应该讲普通话，尤其是当有听不懂你们家乡话的第三者（不是老乡）在场时，更要讲普通话，今天就是这种情况。这是一种素质，更是一种文明，这个道理你们慢慢会明白的。我的老班长当年也是这么教我们的，你们明白么？”我们齐声回答：“明白（尽管我们还没有真正悟出道理，班长讲得总归没错。其实，我们当兵那阵子普通话还没有今天这么普及）！”

谁说不是，我们那个新兵连的新兵，有山东郯城、潍坊、平度的，还有江西南昌、南丰、九江、修水的；有安徽黄山、黟县、休宁、宣城的，还有河南开封、新乡的；有福建莆田、宁德、闽侯、建阳的……五湖四海，什么方言都有，五花八门的乡音，假如大家在一起都说家乡话，就乱了套了，可怎么交流啊！

打那以后，班长开始教我说普通话，我们老乡在一起都是尽量说普通话，尤其是有非老乡在场时绝不讲家乡话，尽管我们普通话说得都还不算地道。班长知道我们普通话水平不怎么地，训练之余，就专门安排时间教我们。以后的日子，对班长的话体悟更深。一年一度的新兵入营，每当乡音起处，或听到别人用方言聊天，我都会想起班长的话。

是啊，中华大家庭，华夏民族是一家，大家都来说普通话，做个高素质的文明公民！

部长跟我们一样出操

色彩斑斓的新兵生活，有一件事让我记忆犹新。

训练、出操、打扫卫生，是每天早晨新兵的必修课。因为每天训练任务太重，初来乍到的战友们一下子很难适应，有的早晨起床有些慵懒，跑步时人在队伍中，却提不起神来。

一天清晨，雾霭尚未散尽，我们照例在乡间小路跑着。但见，远远的有一支干部模样的队伍，呼着嘹亮的口号声，步伐整齐地向机关跑去。

“你们知道那支队伍是谁么？跑在最前面的是谁知道么？”班长用只有我们班的战友才能听到的声音，向我们几个突然发问。“告诉你们，他们是分部机关干部，我们出操才开始呢，瞧人家已经回来了。跑在最前面的那位首长是咱们分部部长，是正师级干部，首长比你们年龄大好几截子。”

战友们顿时向那支队伍投去羡慕的目光，向部长投去崇敬的眼神。接下来，班长什么也没有再说，战友们的步调异常的一致，口号声特别响亮。接下来的几天，出操训练，热情空前高涨，班长没再为我们起床拖沓而费过神。

那个冬天，我永远也忘不了。部长跑在队伍前头的那一幕，定格在我的脑海里，一直激励着我。

我教战友写家书

我是高中毕业，我的战友们多为初中文化，不少只有小学文化程度。

写信是入伍后要做的一件比较重要的事。那个时候，相距千山万水，主要靠书信传递亲情、友情，联络感情，报平安、传佳音，书信这种方式非常流行管用(今天叫时尚)。不像现在，打个手机，发个短信、整个“伊妹儿”，甚至打个可视电话，网上视频聊天。

入伍后，我也在第一时间给家人写信。让我的战友们写信，还真有点难为他们了。他们有办法，老乡们大都跑到我这，抢着我的信就去抄。

虽然我在学校里没写过多少信，起码的书信格式我还是知道的。余暇，我把几个老乡战友叫到一块，告诉他们信是不好抄的，不是我不让你们抄，因为每个人写信的对象不一样，称谓不同，写信的语气、表述方式也不一样，写信的心情和感觉又不尽相同，所以不能简单地一抄了之，那会闹出笑话来的。写信主要是汇报工作训练、学习和生活情况，汇报思想收获感悟，还可以写当地的风土人情等，没有固定格式。

在我的具体帮带下，新兵生活没结束，战友们就能独立“作战”了，有的信还写得像模像样。记得，我还给战友们上地理课、大家一起剃光头等。如今，战友们早已天各一方。这些故事都成了美好的回忆，成了我生命历程中最珍贵的回忆。

初见麂子

时而阳光灿烂，时而雾霭满山，时而小雨纷飞，时而天色阴沉。这就是南京老山七月的典型天气，孩子的脸说变就变，一天七八变。

一踏上这片神奇之地，就被群山环抱的景致迷醉，被她难以抗拒的美丽容颜牵引撩拨，没有消停过。

青山绿水，鸟语花香，树木摇曳，竹林摆首，小草唱歌，清风微拂，万物在这儿顾盼生辉。这分明就是一座巨无霸自然氧吧和负氧离子发生器！自打入住起，压根就没睡过一次懒觉，就是想多欣赏多享受一把这鲜有的人间仙境是何等的奢侈幸福。

每天一大早，一准会被无忧的山鸟歌声吵醒，被万物唤起。麻雀、斑鸠、布谷鸟、啄木鸟、喜鹊及各种叫不出名的鸟儿，在你的面前成群成群地飞来飞去，挂着露珠、鲜嫩的小草中常有蚂蚱跳出。这么诱人的景致，怎不令人陶醉？

晨起踏青速走，第一天早晨就开始了。与众鸟儿、野鸡邂逅，已不是什么稀罕事。有一次，在一条少人问津的细小山路上，竟见着一只毛色棕灰的野兔悠闲踱步。这野兔见我靠近，突然向山的深处狂奔，是我惊扰它了（在后面的日子里，又见着几次）。除了满山遍野生命力极强的各种生物，在这深山中见着野兔，让咱山居的日子，多了几分生机和野趣，也给平素寂寥的老山，平添别样的生机，增添几分情趣、几分磁石般的引力。

这里有一处营区里，大家自发建设，装点河山。挖地种菜，长势喜人的茄子、黄瓜、西红柿、辣椒、长豇豆、西瓜、甜瓜等蔬菜，一应俱全。自养的小土鸡、鸭子、鹅、生态猪等十分讨喜。据说，这生态猪用低碳环保绿色技术饲养，食之对人体健康十分有益。更有趣的是，喂猪时，饲养员还会放古典音乐，供猪儿欣赏，猪崽们边进食边欣赏音乐，好不惬意。吃得悠闲，听得沉醉，难怪叫“生态猪”。但白白的毛色，细长的条子，干净的皮肤，再配以洁净整齐的环境，谁忍宰杀享用啊！

我照例起了个早，与战友小闵结伴晨练。照例向深山进发，一路欢笑，一路欣赏，一路跋涉，一路迷醉。在经过一处弯道时，突然有几条土狗“汪汪”地叫着从农舍向我们冲将过来，大大小小的，黑的白的黄的杂色的都有。其中一条灰白色的跑在最前头，跑着跑着，离我们还有六七米时，便又折回到那处农家。一听这叫声，一看这奔跑的样儿，原来是想逗我们玩，跟我们示好呢！

脚力仍足，战友小闵的鞋尽管不跟脚，从行走的姿态和劲头丝毫看不出来，我穿着休闲鞋也如履平地。真是“景美不觉累，绿色正养眼，神清气爽事，野趣唤童年”。

在绿色怀抱中，在大自然的臂弯里，在密布的土腥味、草腥味儿里，在森林蹦跳出的新鲜空气中，我们尽情尽兴地匀速行走，下榻处渐行渐远。突然，前方有两个森林管护员带着一群大小不等的狗儿，没拴绳套，有几条大狼狗还虎视眈眈着我们，顿生畏惧，不由止步。这狼狗可别把咱当偷林的坏人，扑将上来。我和小闵一合计：君子不落险地，撤！

于是，我们换了个方向爬山，免得与狼狗发生正面冲突，得不偿失。正琢磨，眼前一亮，我简直不敢相信自己的眼睛，五六米处的山坡下突然窜出一只麂子来，飞奔着穿过狭窄的水泥路向山坡上冲去。

莫非是传说中的神话啊！这是我第一次亲眼在原生态的大

自然中见着它，嫩嫩的黄褐色（黄的成分多些，褐色极少）的毛，大约50公分高的个儿，很是惹人怜爱，心跳加速，激动之情溢于言表。我在这情绪中，不自觉地加快了步伐，脚下生风般，脑海中满是那只可爱的麂子的影子。真想走进山林寻觅它的踪迹，再睹它的容颜。这是何等自然环境，远离自然、身居大都市的我们，多么渴望这无法复制的纯粹的原生态啊！

回到下榻处，难抑不激动之情，赶紧借来黄团长的无线网卡，上网查阅关于麂子的资料。

麂子鹿科的一属，仅雄麂具短角，角干向后伸展，角尖内弯，不分杈或仅分一小杈，角基部在脸上形成纵棱脊；被毛较其他鹿科动物短而细；四肢细长、蹄狭尖；有大的上犬齿弯曲呈獠牙状，但较麝、獐的獠牙小；头骨略呈三角形。

本属有6种，在中国分布的有3种：黑麂、赤麂和小麂。赤麂，为麂类中最大的一种，体长80～150厘米，肩高约55厘米；颜面部棱长；体背棕褐或暗褐色。它们栖息于密林、草丛、山地丘陵，有时也进入居民点和农田周围。以种子、嫩草、青草、树枝等为食。赤麂主要分布于中国广东、广西、云南、贵州、四川。

黑麂为中国特有种类，是国家级保护动物。体型略小于赤麂，体长约120厘米，肩高约50厘米；耳短圆；侧蹄较其他麂发达；体背毛色棕黑。栖于地势较高多岩石的密林和山坡灌丛中。以嫩枝、叶子、果实、蔬菜、豆类为食。数量较少，仅见于中国浙江、安徽、福建等省的交界处。

小麂是麂类中最小的一种，也是中国特有种类。叫声如犬吠，故又称吠鹿或犬麂。体长70～90厘米，肩高约40厘米；脸短，颜面棱也比赤麂短；体背毛色变异较大，呈黄褐、棕黑色。栖于地势较低的丘陵、小山的低谷、山坡灌丛。以嫩叶、幼芽、青草、果实、种子为食。分布于中国江苏、浙江、福建、云南、贵州、四川、湖南、湖北、江西、台湾。

我们邂逅的这只麂子，应当属小麂。

餐桌上见着的麂肉，原来是这种麂子。下次拒食之。

嚯！麂子原来这般珍贵啊，难怪这么少见。

我不禁在想，我们的餐桌上，能不能不吃它，多给它一些生存的环境和空间。多些麂子，多些类似的动物，不就是人与自然和谐与共的结果么！只要人人都爱护环境，保护环境，保护动物，我们见到麂子的机会会越来越多。希望人人都深爱环境，爱护动物，爱护环境就是爱护人类自己，爱护动物也是爱护人类自己，共同编织人与环境，人与自然，人与麂子共生存、共和谐的环境！

下次来老山，渴盼再见麂子，再见到更多更美的麂子！我爱生活！我爱这神奇的老山！更爱这美丽神奇纯粹的大自然！

在坚守道德底线中与“法”同行

泱泱华夏，五千年文明，古文化、传统道德无时无刻不在渗透和影响着人们，因此在坚守道德中，与“法”同行，在当下显得何等重要。

必须恪守道德底线。道德是人们思想和行为、美丑和善恶、正义与非正义、是与非、公平与偏倚、真诚与虚伪、黑与白、荣与辱、曲与直等观念、规范、原则和标准的总和。道德是做人的根本，有了道德，这个社会才更加有序。在社会主义市场经济日趋完善，各种思潮相互激荡的今天，做个道德的人，是何等重要。首要的是学习道德文化精粹。比如“老吾老以及人之老，幼吾幼以及人之幼”、“不以善小而不为，勿以恶小而为之”、“自古百善孝为先”等先哲优秀的道德思想。要坚守社会公德、职业道德和家庭美德。道德属于意识形态的范畴，要让道德根植于脑中，下大气力学习之、理解之、熟稔之。再之，要加强修养实践砥砺。活到老，学到老，修养到老。道德修养更需时日和毅力，非一朝一夕之功。每个人要在各自岗位上躬身实践，只要你是个社会的人，就一定要加强道德修养，把做个道德的人作为一生追求，毕生实践。

畏法者“乐”。畏法必先知法。知法不是要人人都做法学家，但对党和国家的大政方略、政策法规、军队的条令条例、规章制度等，要有些概略的了解，这样才能做到不盲目，不盲从，防止无知地触法律这根高压线。就好比失泄密，出了问题自己还浑然不知，这种无知的代价很大，很不值得。法律属于制度的范畴，和谐社会的构建离不开道德，同样也离不开法律。只有知法，才能畏法。无知就会迷失方向，就会犯下不该犯的错。再之，要心中有法，强化法的意识。做任何事都要想着法，把住法的底线，纯正生活圈、交往圈、消费圈。心中常悬法律这杆鞭，常抽打自己。要把党纪国法举过头顶，慎初、慎微、慎权、慎独、慎欲、慎行。畏法者智，畏法者福，畏法者大，畏法者乐。

与“法”同行。要因时因势学，与己关联多的要重点学、系统学，不能临时抱佛脚，到违背了法律还不得而知。有的关系不一定很大，也要有一定的了解和掌握，这样才能不被浮云遮望眼。当下，受市场经济的影响，极少数人不可避免地出现道德行为失范，拜金主义、享乐主义、个人主义滋长，私欲膨胀，黄赌毒以及腐败现象蔓延，这些都严重损坏了党风和党的形象。对此，除了进行道德教育、加强党性修养外，还要加强法制建设。道德是法律的最小化，做个道德的人，就不能越雷池半步。抗震救灾中，还有一种现象让人们憎恶，国家审计署 1 号公告曝光了 3 起救灾款违法违规使用事件：河南安阳县工商联擅购救灾物资开假发票；工行绵阳涪城支行用救灾款购名牌报假账；一些地方利用手机短信诈骗，有群众被骗抗震救灾捐款，等等。这些问题目前已得到相应处理。不守道德会受到道义的谴责，不守法会受到法律的严惩，在道德和法律面前人人平等。在坚守道德中守法，才能够把握住自己，不偏离道德和法律的航线。

“千里之行，始于足下”。构建和谐不是挂在墙上的口号，它有许多实实在在的内容，必须从我做起，从现在做起，从一点一滴做起。劝君都来做个道德的人，做个守法的人。

冬季请到新疆来

——我与维吾尔族朋友不得不说的那点事

天赐良机，因为空运新兵添乘，在一个冬日的午夜来到遥远神秘的库尔勒，冰天雪地，新奇兴奋，大漠边关，异域风情，夹着罕有的寒冷。

一觉醒来已是9点30，库尔勒的天还没有亮，与内地时差整整2小时。初来乍到，自然想领略当地的风景名胜，因为极度寒冷，景点早已封门，唯有附近的铁门关对外开放。铁门关是当年古丝绸之路的咽喉，扼孔雀河上游陡峭峡谷出口，曾是南北疆交通的天险要冲，晋代在这里设关，因其险固，故称“铁门关”，是中国古代二十六名关之一，西汉张骞衔命出使西域曾路经此。不觉，目光被徐志新的《铁门关诗抄》吸引了过去：“不能没有这轮月亮，不能没有这轮月亮，这轮月亮还要给铁门关的一生当干粮。归来吧！金色的孔雀。公主峰喜不自禁，拂去了纷披的云纱，美美地沉进，沉进，这一片星月交辉的诱惑。”在这冰冷的古道，在这沧桑的南疆山崖边，看到柔美、浪漫，又颇具气势的现代诗，心头的寒意一下子拂去了不少，一丝江南情调幽幽袭来。

正出神欣赏，维吾尔族朋友艾尼瓦尔·斯拉木受同学之托打来电话，生硬的普通话让我顿生好感，因为在乌鲁木齐我有位维吾尔族朋友安尼瓦尔·买买提，和他是同学又是老乡，操着同样生硬的普通话。真是孤陋寡闻，至此才知，库尔勒是县级市，是巴音郭楞蒙古自治州的首府，艾尼瓦尔是州政协的领导。未曾谋面，只能从声音中想象着他的样子，一见面果然是标准的维吾尔族帅哥，长着维吾尔族男子特有的山羊胡，除了个子略小、年纪稍长些外，人是相当干练，不说话也能看出是内心很强大很有力量的那种男子汉，对他的好感陡生。

听说我们第一次来，他一个劲介绍库尔勒的好。怀着好奇，我提出去看看开发区，这正中他意，仿佛开发区是他一手搞起来的。他一路介绍，一路推介，爱乡之情溢于言表。他原是新疆大学政治系的一名学生，毕业分配在自治区农业厅，怀着对家乡的热爱，他强烈要求回到库尔勒。开发区不光面积大，建的也相当现代，听说效益也不错，令我对大西北开发区刮目相看。晚饭时分，他早早订好了民族餐——来再提饭店，店不大，味道却相当地道。在这里，我第一次领略正宗的维吾尔族手抓饭、拉条子、大盘鸡、烤羊肉、羊肉串，虽然品种不太多，分量却不少，维吾尔族朋友的寻常便饭，在我们眼里却是罕有的美味大餐。也让我想起一位朋友说过的，了解一个民族的文化，请先从他的饮食开始吧！饮食应当是维吾尔族文化中璀璨的那一颗“明珠”。

席间，艾尼瓦尔的朋友、维吾尔族帅哥艾力——库尔勒第六中学音乐老师，用自己制作的乐器弹布尔为大家弹起了《春曲》，铿锵震撼，悠扬悦耳，仿若从大漠边关深处传来，眼前似有炊烟袅袅飘转，这是我在餐桌上听到最美的曲子。弹到动情处，艾力放声唱了起来，维吾尔族朋友禁不住在餐桌边舞动起来。是啊，了解一个民族的文化，还有他的音乐舞蹈。艾力意犹未尽，又弹起了维吾尔族代表乐器——都他尔，一种音色柔美的乐器。

艾尼瓦尔很是善解人意，让我们在饭饱菜足之后小酌，敬酒并不劝酒，标准的客随主便，维吾尔族朋友之间却没少喝，劝菜忒是热情。让我好生见识了什么是慢节奏，坐下来便是不紧不慢地寒暄，很长时间不上菜，好不容易上了菜，却并不急于吃，接下来是从容地等待不断出现的新面孔。让我真真切切体味到维吾尔族朋友对客人内心的热情，慢是为了让客人多坐一会再多坐一会。慢节奏、慢生活，我的脚步和心灵也随之慢了下来。这顿颇具民族特色的便餐，还认识了克里木、亚森、亚克夫、西艾艾力，他们热情奔放、真诚大方、幽默随意，个个能歌善舞，他们都是维吾尔族人。

在库尔勒的一天仿佛一眨眼，为了转机我们在库尔勒机场待了整整一天，终于飞赴又一座陌生城市——乌鲁木齐。

乌鲁木齐跟库尔勒温差十来度，维吾尔族帅小伙艾合买提建议我们看看乌市的制高点——红山公园，冰雪覆盖的公园简直就是放大版的童话世界，行走其间，唯听雪飘和脚踩雪的声音，是种静好和淡定的美。鹅毛般的雪花曼舞着，深吸一口澹雅、冰冷的空气，咀嚼雪和空气混合的味道，纯净柔美，心雪相融，这冷倒觉着十分自然了。漫天的雪像张无形的大床，睡在这床上惬意自不必说，零下十几度并不觉得冷。

红山是乌鲁木齐的标志和象征，海拔高 910.8 米，由紫色砂砾岩构成，呈赭红色，故得名"红山"。外形象一条巨龙东西横卧，高昂的龙头伸向乌鲁木齐河，是我国不可多得的山体公园。山巅之上，鸟瞰乌市，真是美艳无比、圣洁贵气，整个城市弥漫着一种慢美，这美也漫天飞舞着。慢节奏慢生活，甚是养心。不觉竟醉在这冰清玉洁般通透的城市里，心生温暖，莫名地喜欢上这座如出浴美女的城市来。街上不时传来维吾尔族歌手给力、悠远的歌，韵味十足，节奏明快，很有弹性和张力，让人百听不厌。

艾合买提堪为称职的"导游"，看完红山公园，又带我们去乌鲁木齐博物馆饱览新疆的历史和瑰宝，那些稀世珍宝、久远的国粹、悠久的文物、沧桑珍贵的历史、璀璨的文化、民族艺术……让人流连，慨叹新疆之大、之富有、之厚重，对维吾尔族朋友的聪明、智慧和别样有了更多的了解。

在乌鲁木齐终于见到了我的老朋友——安尼瓦尔·买买提，还有阿里木，5 年多不见，那个有些彪悍、快人快语的安尼瓦尔·买买提戴起了眼镜，眼镜下的双眸炯炯有神，比先前更加沉稳干练、儒雅文气、风度翩翩了许多，唯一不变的还是他一口生硬的普通话，久违、遥远、亲近，让我们不由自主拥抱起来，我的新疆之行除了任务之故很大程度因他促成。他安排我们看了二道桥的民族大剧院、清真寺等建筑，逛了极具民族特色的二道桥大巴扎。在乌市，安尼瓦尔让我们再一次领略维吾尔族饮食的魅力，除了独特香味、很有嚼头的馕、有别于重庆辣子鸡的大盘鸡外，在一个叫葩科勒克十分简陋、小得不能再小的烤肉店，我们第一次品尝到烤包子、烤羊肉，味道可以用惊艳来形容。烤包子皮脆肉鲜，令人垂涎。连骨头带肉的烤羊肉，鲜香无比，是我此生吃到最好的羊肉了。

在乌鲁木齐餐桌旁，又一次欣赏了维吾尔族男子标准的民族舞，安尼瓦尔、阿里木亲自上阵，亚力的维吾尔族舞甚是地道，个中韵味已经体悟到了不少，腰背挺拔的体态，贯穿舞蹈始终，甚至有点喜欢上了这种舞蹈，有机会我也要学一把，美而有力，节奏明快。维吾尔族生性豪放，能歌善舞，又一次得到证明。

在乌鲁木齐，我还认识了小阿里木，还有好几位叫不出名字的维吾尔族朋友和幽默爽朗的乌孜别克族朋友等，尽管长长的名字记不住、记不下来，他们的笑声和幽默深藏在我的记忆里。

新疆之行，我的收获是无以言说的，认识了这么多好客的维吾尔族朋友，他们的优秀大气、珍重友情、能歌善舞、自得其乐、粗犷英武让我难忘，我对中华民族和睦大家庭的理解更重一层，更爱我们这个伟大的民族，爱我们这个伟大的祖国，爱我们的母亲——伟大的中国共产党！

有机会我还要去新疆，朋友都说最好是夏天，我要说冬季请到乌鲁木齐来，请到库尔勒来，请到新疆来！因为冬天的新疆有另一番气象，别有一番滋味，因为新疆有热情好客、体贴入微、有情有义的维吾尔族朋友！

柳叶飞絮：

武天敏主任短信：很喜欢新疆，看过王蒙笔下的患难年代的故事，很

感动。北京叶满宇局长：拜读之，积淀十文采十用心十豪情，不是人人都能做到的。朱正郏校长：文章朴实好看，尤其去过新疆又有维吾尔族朋友的人更觉亲切。祝贺大作迭迭。孙燕短信：读美文，去美地，有美事，美人之美，美美与共。美，美，美！谢谢！

“压”好人生的水花

跳水比赛一个重要的打分标准，就是运动员压水花的技巧。跳水运动是颇受人们青睐、身姿柔曼的人体艺术，世界顶级跳水名将高敏、伏明霞、熊倪、郭晶晶、田亮、何冲、陈若琳等，都是压水花的高手，腾跳的霎那如鱼儿翻飞腾跃，在入水的瞬间“波澜不惊”，只泛起些许细碎的水花来。由此，我想到了当下人们的工作、生活、事业、作风乃至人生来，压水花不正是一种人生态度么？其实压水花并不是一件容易的事，压好水花更非一朝一夕之功矣。

压水花技巧固然重要，关键靠基本功。靠扎实的功底。有道是，宝剑锋从磨砺出，梅花香自苦寒来。只有基本功扎实了，动作熟练了，才能成竹在胸，到了关键时候也才能手中有粮，心中不慌。基本功从哪里来，来自刻苦训练，来自勤奋的汗水，当然还有天赋机遇。技巧源自厚实的基本功，炉火纯青、出神入化来自坚实的基础。底气足，则技巧精，动作美。毛泽东说过，“山间竹笋，嘴尖皮厚腹中空；墙上芦苇，头重脚轻根底浅。”我们绝不能做墙上芦苇、山间竹笋，要踏踏实实做人，扎扎实实做事。习主席告诫我们：“空谈误国，实干兴邦”。

心理品质赢高分。心理素质是赛场夺冠、战场制胜的关键，战场无亚军，绝不可小觑。只有底子厚实了，心理健康了，在高高的跳台上才能从从容容。倘无基本功，心理素质再差些，遇有重大比赛一个小小的失误就会乱了方寸，甚至满盘皆输。重大国际比赛，从高高跳台掉到水里的重大失误不是没有先例，人生是经不起重大失误的。此所谓，破山中贼易，破心中贼难。一个空中动作差之毫厘，就有可能溅起巨大的水花，输了一场比赛。心理品质的培养，来自平素的养成，来自重大比赛，来自挫折训练，来自跳水之外的潜心修炼。我们要客观地看失误和挫折，因为苦难和逆境有时是一笔巨大的财富，人生是要经历一些拂逆的遭遇和挫折的。把挫折和失败作为一种可以借鉴的财富，好好总结，汲取教训，才能成就未来、成就人生。故，在重大任务中、在艰难困苦中、在急难险重任务中、在挫折失败中，要有意识地砥砺这种品格，磨砺意志，把自己的心理品格塑造得更坚强。

“压”出一种人生境界来。在高高的跳台跳水，一如练兵演练，一如博弈对决，一如鏖战，日臻高境界，才能压好水花，才能稳操胜券。否则只能殿别人之后，永远品尝失败的滋味。高境界从何来，就是要压掉水分，去掉虚光，转变作风，这是一种实事求是。去掉那层厚厚的泥土，韭菜才能疯长，小草的嫩芽才能破土而出，也才能茁壮成长。在高高的跳台上，才能掌握好重心，空中才能舒展自如，打开身体也才能恰到好处，入水时如美人鱼般。俗话说，冰冻三尺，非一日之寒，水滴穿石，我们常说的战斗力便在其中了。中共中央政治局关于作风建设的新 8 条，首先从中央政治局做起，要求别人做到的自己先要做到，要求别人不做的自己坚决不做，以良好党风带动政风民风，开一代新风，真正赢得群众信任和拥护，值得我们学习效仿，一点一滴践行。打假治虚，扎扎实实，好好做人，一步一个脚印，是共产党人一种境界。

压好人生的水花，要遵循规律，辅之以科学，注重综合素质的历练，努力达到身心都健康。当然还要注重跳水之外的学习充电和能量补给，广博知识，豁达阳光。低调做人，高调做事，谦卑一些，心静一些，淡泊一些，透明一些，坚守一些，清明一些，廉洁一些，规矩一些，等。多扪心自问，你是不是金秋广袤田野里低着头的沉甸甸的麦穗？多为党和国家贡献心智，多做好事，多做奉献，多为人民利益想想，多替百姓想想。少伸手，少索取，少功名，少私利，少摆谱，少矫情，少官僚，少私欲，少扰民，少离群，如是我们的事业才会大有希望，建设美丽中国指日可待，中国梦定圆！

柳叶飞絮：

《解放军报》刊发当日刘新如老师就发来短信：见文如见面，倍感亲切。贺！陶克副总编：真是个爱学习的好干部！

做真实的自己

“在人的一生中，思想感情的变化总是难免的……我主张，一个人一生是什么样子，年轻时怎样，中年怎样，老年又怎样，都应该如实地表述出来。在某一阶段上，自己的思想感情有了偏颇，甚至错误，决不应加以掩饰，而应该堂堂正正地承认。这样的文章不应该任意删削或者干脆抽调，而应该完整地加以保留，以存真相……不管现在看起来是多么幼稚，甚至多么荒谬，我都不加掩饰，目的仍然是存真。”这是已故国学大师季羡林在为自选集所作的序言《做真实的自己》中坦言的，是啊！做真实的自己多好。但做真实的自己又是多么不容易。做真实的自己是何等境界！作为一名年轻战士，当把做真实的自己作为一生的追求。

真实就是实事求是。去伪存真，敞开胸襟，敞开心扉，表里如一，简单透明。不搞背后一下子，言行不一，做两面人。更不来暗箱操作，要在阳光下作业。真实金不换。

生命的本真是什么？就是真实地活着。活着是什么？活着是一种平凡，也是一种伟大。其实还有比生命更重要的东西，他的名字叫真实。既然真实比生命更重要，我们就得坚守，就得坚持，用心去追求真实的境界、维护真实的神圣。

真实走得远。真实是力量，真实是能力。蓄积之，聚合之，就会有底气，就会挖掘潜能，走得端、行得正，才能走得更远。

真实心宽海阔。真实才会不遮遮掩掩，真实才能放下这这那那，身心轻松。真实就不会负累，真实幸福指数才会不断提高。

真实是一种境地，真实是一种状态，真实是一种心境，做真实自己真好！

柳叶飞絮：

很欣赏老战友孙克勤不经意的话语：岁月是河，每五年十年总会在什么地方打个弯；人生是坡，登了一程驻足回首，总能领略到另一番滋味。是啊，人生多美妙，驻足回首，每个人都会发现不一样的人生风景。只要你留心，只要你心有阳光，你的眼中定有不一样的风景。每个人在自己的人生舞台都是重要的演员，扮演好生命历程中的角色，你就是最棒的！

福州林琼：葛老师坚守“寂寞”军旅，深切感受到在“寂寞”中奋发的可贵，在“不寂寞”里沉静的难能。从闽北大山到沪上大都市，“寂寞”的心状，因于对写作的执著，因于对事业的追求，成为内心的一片“绿地”，如同泥土、水分滋养着日渐喧哗的四周，温暖钢筋混泥土的“冷漠”，融入而又坚守，独善“寂寞”氧吧。十分不易，令人敬仰。十分富有，令人羡慕。有你的地就有挚友就有风景！凯凯：一个真字胜千金，真实无价。正能量，真给力。

挥别军旅——代后记

压根就没想过，要脱下这身心爱的军装。尽管是自己主动提出，尽管已经做好了自认为十分充分的思想和心理准备，当宣布转业命令这一刻真的到来时，我还是难掩内心复杂的感情，脑海一片空白，心里空落落的。难以名状的滋味密集袭来，纠结、感慨、郁闷、自豪、荣耀、充盈、激动……更多的是万万分的不舍，泪水止不住地流下来。

军旅三十载，懵懂、青春、激情、成熟、辉煌、浪漫、亲情、自我……全都给了军旅，我与军旅同频共振。

三十载，难舍军旅一片情。三十载啊，有多少军营故事灌注在我的生命里。想起了一位领导离开军旅时说的话，“早已习惯了部队生活，骨子里都是‘军味’，现在连便衣都不知怎么穿了!”

三十载军旅，如梦如幻。三十载军旅，恍若一瞬。实在不舍军旅，因为她给了我成长和成熟。17 岁，从鲁南小村那个懵懂少年到闽南山沟——龙海县角美公社新兵连的一名新兵，经过淬火洗礼，被分配到著名侨乡——南安县水头公社的 727 野战医院，医院紧挨着一个小村。院内满是石头平房、红土路、榕树，闽南乡村独有的风情，处处可闻闽南乡音。

因为高中毕业，加上字写得还成，我被分配到通讯班当了接线员、机关公务员兼打字员，那时只有铅字打印机，医院仅有一台，哪怕打印一个字也要院领导批准后才允许打印，再用蜡纸和油墨印出来。

余暇，院领导还让电影组的老兵教我放电影、做幻灯片、写美术字，于是我成了兼职放映员。有一天，有着文学爱好的我，心血来潮，斗胆给南安县人民广播电台写稿，小稿不光播出，还获了鼓励奖，那个兴奋劲简直无以言表。我当上了班长，考上了军校。在勤奋学习和艰苦磨砺中成长、成熟。

实在不舍军旅,因为她给了我知识和力量。穿上军装离家前,脸朝黄土背朝天、含辛茹苦的父母叮嘱我,到部队一定要好好学习,好好干,争取有点出息。当时根本就不知道知识改变命运、努力成就未来的道理,只晓得好好复习考军校,当个令人羡慕、神气十足的军官。买了好多军校复习用书,步行到驻地学校听课,风雨无阻。我虚心向领导学、向典型学、向身边的战友请教,向实践学,不错过任何一次学习的机会。我参加了自学考试,用6年时间硬生生拿下了两个本科,并被评为优秀学员,个中苦累只有自己知道,工作、听课、作业、考试、论文,上海和南京两地跑,几乎没有周末和节假日。辛苦有之,孤独有之,纠结有之,但更多的是充盈和富有。不惑之年,又用3年时间攻读了在职研究生,再次被评为优秀学员。

三十载军旅,收获了友情和亲情。在直线加方块的训练场,在频繁调动和执行重大任务的公差勤务中,在火热斑斓的海训场,在欢送抗击非典勇士的壮烈现场,在急难险重任务磨砺中,在五湖四海战友们的气场里,在无数个不眠之夜的加班里,在军区抗雪救灾的紧急出动中,在一个个重大典型的感染下,在首长和战友的关爱下,在亲朋好友的期盼中,我收获了酽酽的战友情,真挚的亲情,纯粹的兄弟情。还记得在军校,庞教导员手把手教我学做人、学文学、学即兴演讲、学打羽毛球,培养了我如何提升品位、气质,如何儒雅。军校两年,收获了师生情、战友爱。这些浓得化不开的战友情弥足珍贵,想起她周身温暖。战友之情十分难得,兄弟之情让我珍惜,一辈子都值得拥有。

军旅三十载,从未想过离开她。好不容易做通了耄耋之年的父母亲以及亲朋好友的工作。最难做的还是妻子和女儿的思想工作,因为我在军区机关9年,分居9年,亏欠她们太多,妻知我想法已定,泪水在眼眶盈溢。其实,我又怎舍得这身军装呢!人的一生不易,人的一生有很多活法。真地想感受一下不穿军装的滋味。换一种活法,感受不一样的风景、不一样的精彩吧。就要离开军营了,带着太多的眷恋。

戎马倥偬三十载,青春无悔固长城。

感恩过往寻常事,难忘昔日军旅情。

追求卓越无止境,卸甲一样好风景。

人生处处都精彩,踏石留印续忠诚。

这本书,其实我思量了许久许久,出版社约定给青年官兵写点东西,谈人生、交心得、校人生航向的书稿内容、时间节点时,我倍感压力,一拖再拖,担心难解青年官兵的"心结"。因为平时工作任务确实太重,实在抽不出整块时间,出版社一催再催。在行将离开军旅之际,必须把这本书拿出来。丑媳妇总是要见公婆的,《打开"心门"赢未来》终于付梓。

此时,要感谢的人太多了,第二军医大学出版社几位编辑老师对本书倾注太多的心血;中国书法家协会会员、《解放军报》副总编辑连俊义将军,饱蘸浓墨,饱含深情,挥洒题书名,金戈铁马、气势磅礴的艺术气息,为本书增色添彩;中国书法家协会会员、南京军区联勤部姚建荣参谋长,伸出温暖之手,大气赐墨宝,内文的8个篇章尽情写就,古拙遒劲,静中雷霆,令我感动;上海海派山水画家江云山、画家王林洪激情泼墨,以画配文,诠释文意,匠心独运;中共上海市委常委、中国国际文化交流中心上海总部部长、上海警备区原政委、我的老师朱争平将军,格外垂爱眷顾,百忙中用心作序,字里行间真情可现,对拙文肯定有加,鼓励不断,实在让人动容。还要感谢仍居农村的父母亲,感谢妻子女儿的支持理解,写作思考,是需要大量时间的。许多年以来,我几乎没休过一个完整的假,没好好尽一个儿子的孝道、一个丈夫的义务、一个父亲的责任。值得欣慰的是,拙文终于与读者见面,我也将挥别军旅,唯写出更多积极健康、向上向善、传递正能量的作品来,奉献更多精美的精神食粮来。莫言说得好:"当笔下肆意挥洒的心情化为汉字,我将用它记录永生。"写作是件愉快的事。我会将文学创作进行到底，直至老去。

军旅经年，青春无悔。感恩过往，真情万岁。努力工作，快乐生活，便是人生好时节！

忽然想起，“2006 年感动中国”现场，主持人给国学大师季羡林的颁奖辞：“智者乐，仁者寿，长者随心所欲。一介布衣，言有物，行有格，贫贱不移，宠辱不惊。学问铸成大地的风景，他把心汇入传统，把心留在东方。最难时也不丢掉良知。”要追求国学大师季羡林的境界，真实、大气，做一个寻常人，做一个真实的人。

沈从文说过，“我只想把生命所走过的痕迹写到纸上。”生命如歌，情谊如酒。经年积淀，把内心那些个真实、简单、平淡、寻常的思想火花，原生态地呈现给您，亦算是对军旅三十年的一个小结，权当画了个不大不小的惊叹号。

奋斗改变命运，梦想让你与众不同。人生需要不断攀登，从一座高峰到另一座高峰。军旅三十载值得拥有，值得一辈子珍惜！

感谢生活，感谢命运，感谢一路有您！

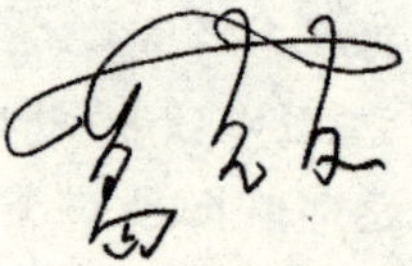

2013 年 4 月于上海